從前從前，有間古書店

奧利佛・達克賽爾 著　　康學慧 譯

ONCE UPON A TOME

The misadventures of a rare bookseller

Oliver Darkshire

古書店員的不幸遭遇，
書中隨便解釋該行業的原理，
並提供許多不具參考價值的範例。

獻給席洛（Zero）——

身為作家的丈夫

歷史會說你受盡折磨

身為男人的丈夫

歷史會說你只是我的室友

也獻給

我的母親——

現在應該可以承認了吧

所有子女當中妳最愛我

作者的主管致讀者

莎樂倫書店（Sotheran's）非常古老，從一七六一年創業經營至今。因此，網路這種微不足道的東西即使出現，對我們的影響就像蒼蠅落在腕龍[1]身上一樣。二〇一二年的一個午後，我們決定登錄推特（Twitter）帳號，偶爾會有人發文說說一八七四年某個皇家衛兵的爆笑軼事，其他時間則徹底遭到遺忘。

沒有人留意到奧利佛慢慢接手帳號。二〇一八年底，我第一次得知他一直在推特發文，因為他說了類似這樣的話：「噢，我發了一篇文，恐怕會有人來客訴。」

當時我剛接手店長職位，因此認為有必要瞭解一下，於是我登入我們的推特帳號。我立刻嚇呆了。追蹤人數從大約四個人成長到一千人，推文內容包羅萬象，從刀劍、鮪魚到顯然住在書店地下室的惡魔。有發自心底的哭喊，也有貓頭鷹笑話，甚至還有一些關於書的內容呢。

印象中，我們並沒有因為那則發文遭到客訴，但我確實認為必須稍加關心，多少瞭解那個創生中的平行世界。奧利佛以銷售古書的枯燥日常為素材，編織出一個詭異奇妙、天馬行空的多重宇宙。在那片夢土中，偶爾會冒出現實中我們打破的雕塑，有時奧利佛手中的緊急工作會戳穿所有幻想，但大部分的時間他都任意揮灑想像力，將疊加許多怪異故事的莎樂倫書店呈現在世人眼前。奧利佛休假時，通常由我負責管理推特發文，那感覺有如踏入發高燒時的夢境，每次都讓我興奮激動、大汗淋漓，彷彿化身為超級瑪利歐成功破關。

真想不到，網友非常喜歡。寫下這篇文章時，我們的追蹤人數已經破了四萬，以古書店而言簡直不可思議。這個現象不但突顯出人們對書籍世界的好奇，更要歸功於奧利佛的能力，他的文字帶來娛樂與啟發，吸引了平常我們難以觸及的族群。因為推特發文才會有這本書，這是自然演化的過程，一個難得的機會，在數位高峰上雕刻出實體的拉什莫山頭像[2]。

1 譯註：生存於晚侏羅記世的恐龍，高度約估十八至二十一公尺，體重約估二十八至五十八公噸。

2 譯註：拉什莫山（Rushmore）位於美國南達科他州，在山峰上雕刻了四座總統頭像，分別是華盛頓、傑佛遜、老羅斯福和林肯。

順便一提，從現實跨足虛擬世界，對古書店員而言非常不自在。我依然覺得我們應該用羽毛筆才對。不過無法否認，現實與網路間的邊界不斷移動，將實實在在的書店搬進數位宇宙，然後再化作實體書籍，這個過程非常現代（話說回來，內燃機也是如此）。

那麼，親愛的讀者，歡迎光臨。盡情鑽研吧，挖掘各種奧秘，認識這個獨特空間中的其他莎樂倫人。書中描述的事件與現實或許有出入，有些角色融合了幾個現實人物的特質，甚至有些純屬虛構。奧利佛原本打算寫一篇長達二十頁的文章獻給我本人，讚頌「玉樹臨風、音樂奇才、靈感無限，天上地下舉世無雙好老闆」，只是本人生性謙遜，因而極力反對。除了上述各點，本書內容大致上全屬真實。

克里斯・桑德斯（Chris Saunders）

莎樂倫書店 店長

倫敦，二〇二二年十月

目錄

作者序：書店學徒

拜A形立牌所賜，我終於找到了。立牌的腳粗粗短短，而且少了一隻（可想而知一定發生過街頭意外，只是早已被人們遺忘），剩下的三隻腳搖搖晃晃。油漆大塊剝落，但依然看得出大部分的店名：「亨利・莎樂倫有限公司——精美書籍與印刷品」。我從店門口經過了兩次都沒發現，書店藏在一條小街道上，而這條街最廣為人知的特點，就是完全沒有人知道這個地方。薩克維爾街（Sackville Street）有如退化的尾巴，兩頭分別通往皮卡迪利路（Piccadilly）與攝政街（Regent Street），這兩條路從早到晚都擠滿撐傘的行人，汽車喇叭聲不絕於耳，儘管如此，薩克維爾街卻是出了名的商業死路。大家都說在這條街開店無異於送死，難怪在那個寒冷的十一月清晨來到這裡時，我總覺得氣氛有點陰森。

那天我去薩克維爾街是為了面試工作。常有人問我，如何在莎樂倫這樣的書店得到工作機會。當時的我是個在倫敦漂的年輕人，像許多同輩的人一樣，我整天奮力想抓住虛無縹緲的職場前程，機會卻總是在最後一刻從我手中溜走。在一個特別絕望的時刻，我搜尋職缺的過程中意外飄盪到網路遙遠的角落，看到有家書店在徵學徒。那則廣告不太動人。維多利亞時代的薪資，工作職務含糊不清，整體流露出狗急跳牆的感覺。不過至少有一個好處：不需相關經驗。應徵之後不到一天，我就接到電話，通知我去和店長面試。

面試當天，我提早抵達——進入珍本書買賣這個圈子之前，有約我都會提早到。我踏著自信的步伐來到雙扇門前，拿出那種會讓人想立刻雇用的氣勢用力一推。門沒有開，只是發出相當大的嘎嘎聲。我改為用拉的。這時我發現，店裡的人冷冷看著怎樣也打不開門的我，但我沒有放棄。我改為推右邊的門，終於跌跌撞撞走進去，低聲隨口說著道歉的話，但聲音立刻消失，我眼前的場景實在太過震撼。

第一波衝擊來自氣味。古書店獨有的氛圍。大量舊書集中在一起時，會製造出一種惆悵的感受。舊書散發出一種淡淡幽怨的氣味，彷彿每一本都隱約領悟到，自己錯過了成為全球暢銷書的機會。我看看四周色彩繽紛的書架，幾張桌子上高高堆滿各種可疑的物品，還有歪七扭八的家具，書本相關的各種雜物四處亂放。一般人想到古書店時，很難會冒出「色彩繽紛」這個詞，但我去過的每一家真的都是如此。幾條柱子支撐著皸裂的屋頂，也擋住了視線，讓人無法一眼看清店面的全貌，似乎必須穿過一堆堆隨時會倒塌的經典文學作品，才能去到最裡面。許多人在陰暗中走來走去，門開了又關。非常安靜，只有書架的小心眼嘎嘎抱怨，還有腳步移動的聲音，藏在某個黑暗角落的電話響個不停。

我默默感受這一切，不知道呆站了多久，終於有人將我從呆滯狀態中拯救出來。那個人十分熱心，一頭銀髮，腰不太好，原來他就是店長安德魯。至今我還沒有遇到過比他更擅長化解危機的人。我曾經看過有人殺進店裡一副要放火的樣子，但和安德魯聊個三分鐘之後，不但約好改天一起吃飯，還買了一本書。走出店門時他一臉迷惑，似乎想不起原本來店裡要做什麼。後來我漸漸明白，莎樂倫書店是個小地方，我原本以為店長一定是高高在上、嚴肅權威的大人物，但我很快就拋開那種想法。

店面正中央有一道堂皇的樓梯，他帶我走到地下樓層，穿過印刷品部門，那裡掛滿各種海報、插圖，以及其他吸引視線的神奇物品。我們匆匆走過，進入旁邊的房間，裡面堆滿編目參考書籍。安德魯一臉不好意思地對我笑笑，努力想從雜物堆中撈出兩張椅子，可惜不太成功。門一關上，所有聲音立刻消失。堆滿書籍的書架能夠隔絕外界的聲音，這種奇特的效果，讓書店免於四周道路的交通噪音喧擾。習慣在大城市工作、生活的人，尤其是倫敦這樣的城市，一定知道汽車與引擎的低頻聲響會滲透靈魂——交通噪音持續不斷，只有少數地方能躲過。書店就是其中之一。

我們坐下，因為空間太小，幾乎難以容納兩個人。安德魯似乎察覺到這個問題，於是把椅子往後退，靠在一堆老舊的書籍交易雜誌上。他告訴我，這裡是編目室。他承認，這個房間基本的功能是「沒有地方放的東西都先堆在這裡」。經過幾個月在倫敦求職未果的辛酸，我不禁覺得這句話是我的寫照。

安德魯之所以如此善於安撫人心，部分是因為他有一雙鷹眼，遠遠就能看透一個人。其實要成為稱職的珍本書店員，必須具備這種能力，但安德魯絕對是此道的大師。他只花了不到十秒的時間估量我一番，然後其他的時間都用來閒聊，抱怨這些年書店很難找到可靠的新員工。我從他的話裡參透出——或者該說是他自己講的，因為我沒想到他會如此坦白，嚇得我頭腦空白——每年書店都會雇用年輕又聰明的新人，不但前程看好，也有足以匹配的學歷與證照，每次他們都以為一定找到了完美員工。只可惜他們找到的小神童每個都只任職半年左右，然後就會跳槽去藝術領域中薪水更好（也更能接觸日光）的工作。他想找一個願意留下來的人，長期的員工。他表示，店裡的員工已經受不了每年都得記住新名字，頻繁異動也造成很大的不便。他說明雇用條件：受聘的學徒至少必須任職兩年，完成培訓計畫，成為足以勝任的古書交易人員，之後公司盼望能留下來成為全職員工。

讀者啊，我必須承認，當下我點頭如搗蒜，彷彿表演特技的海豹。雖然說書店學徒的薪資凍漲已久，差不多從一八四〇年老古玩鋪[3]開張之後就沒有調整過，但我早已習慣了低薪，相較之下這裡的待遇還好一點。除此之外，悲慘窩在辦公室小隔間是我不斷遭遇的夢魘，書店工作對我而言有如救生索。即使這裡到處是搖搖欲墜的物品，我只要一動就可能摔壞公司寶貴的歷史紀念品。

面試開始得快、結束得也快。我還記得當時認定自己絕對表現很差，因為我還來不及搞清楚狀況就出來了。店長說我可以走了，加上一句「過幾天我們會聯絡你」。我的心重重沉落。

當天下午三點，就接到電話通知我去上班。我到現在都不知道為什麼會錄取，有點懷疑他們可能是射飛鏢決定的，也可能單純將我誤認成別人，最後只好將錯就錯。無論如何，幾天後，我再次來到那道雙扇門前，身上穿著老舊西裝，心中懷抱嶄新理想。

現在回想起來還真有意思，我竟然如此輕易便踏上這段旅程。在網路上無意間看到一則不太用心的徵人啟事。鬼鬼祟祟的面試。匆匆擦好的皮鞋（後來再也沒擦過）。倏忽間，我就做起了珍本書買賣。

3 譯註：英國維多利亞時代作家狄更斯（Charles Dickens）的小說《老古玩鋪》（*Old Curiosity Shop*），一八四〇到一八四一年於《Master Humphrey's Clock》雜誌上連載。

來源不明的古董葫蘆瓜，其上雕刻之人像據信為維多利亞女王。值得擁有。

古書與文物

初階古書買賣的藝術，一般事項，
真實的告白與誤解，以及其他。

很不可思議，店裡的存貨很多不是書籍。傳統上，莎樂倫的書架上除了書本之外，還有很多雜七雜八的怪東西與一般擺設，這些玩意全部歸古書與文物部門管理——所謂「文物」是一種委婉的表達，其實就是沒有人知道該怎麼處理的東西。身為毫無技能可言的學徒（後來則是毫無技能可言的店員），我被指派去這個龐雜的部門幫忙，這裡囊括了莎樂倫店內各種千奇百怪的物品。在古書與文物部門總會發現意想不到的東西。我很幸運，因為一般人想找的所有東西都屬於這個部門管理。想找珍・奧斯汀（Jane Austen）[4]？非常好，很可能就在那裡，亞伯特親王（Prince Albert）[5]的胸像附近，非常醜又搬不動的那個拜倫（Byron）[6]雕像上方有個櫃子，就在那裡面。角落裡，棲息在搖晃凳子上，端著裝在大啤酒杯裡的茶，那個人是詹姆斯。

---

4 譯註：十九世紀英國小說家，著有《傲慢與偏見》等作品。
5 譯註：英國維多利亞女王的夫婿。
6 譯註：十九世紀英國浪漫主義詩人。

01 詹姆斯

如果我以為面試能讓我瞭解書店的同事大概是什麼樣的人，那就錯了。第一天開始上班之前，我只見過一個同事，也就是店長安德魯。他沉穩真誠的態度自然會令人安心。他成為我心中古書店員的理想型，泰山崩於前而色不變，雖然我努力仿效，卻始終學不會那種平心靜氣的態度。我認為，他之所以能保持這種崇高的狀態，或許是因為他總是盡量遠離潛在壓力來源（例如笨拙的學徒）。於是乎，我被交給詹姆斯培訓。

如果說安德魯是書店的心臟，平靜穩定地保持血液流動，那麼，詹姆斯就是撐起書店的脊柱。他身材高䠷、略微駝背，有種好像稻草人放在太陽底下太久的感覺。他的辦公桌位在店面昏暗的角落，桌面上到處是紙張，他坐在那裡看守所有書本。多年來他負責驅逐行竊小偷、不良分子、各種可能惹事的人，練就了犀利洞察力。我在書店的第一年幾乎都跟隨詹姆斯學習，在許多方面，他依然保有舊時代的作風。將他形容為化石似乎不太禮貌，不過他滿懷愛心、無休無止「敲敲弄弄」修理書店的努力留下了印記，我猜想最終書店也同樣塑造了他[7]。詹姆斯有如滿頭白髮的書痴孤狼，昂首闊步巡視，處理書店的日常瑣事。他承包了所有沒人想處理的事，基於同樣的道理，教育我這個學徒的工作才會落在他身上。在書店工作幾年之後，我留意到一件事：除了詹姆斯之外，店裡似乎沒有人知道垃圾去了哪裡，誰清走了？送去什麼地方？後續如何處理？只要垃圾消失，大家就滿意了（後來我才發現詹姆斯不希望大家知道，原因稍後揭曉）。

據說詹姆斯原本是造船師傅的學徒（不是造船廠——他莫名重視兩者之間的差異），有一天他偶然走進亨利・莎樂倫有限公司，從此再也沒有離開。總之，他之所以如此瞭解書店（他真的知道所有事），是因為他每天都從上午待到黃昏，數十年如一日。現在回想起來，我很慶幸在剛上工的那幾個月有他照顧，但當時我實在無暇體會感

---

7 作者註：我在這裡用了「敲敲弄弄」這個詞，因為雖然他用心良苦，但是修理完工之後，那些門、書架、櫃子往往無法恢復功能。詹姆斯學習整修全靠土法煉鋼，其他員工一致抱持理性的態度看待，畢竟對方幾乎以榔頭解決所有問題，和這樣的人爭論太久大多不會有好下場。

激的心情，因為他們給了我一張小矮人用的桌子，而且就放在大門旁。他們解釋說，這張桌子是設計給維多利亞時代的淑女使用，非常不適合身高一百八十幾公分的笨拙大漢，因此接下來好幾年的時間，我被迫只能像淑女騎馬一樣側坐在可恨的小桌子後。因為各種不同的原因，我在書籍買賣生涯中使用的桌子全都太小，但我最討厭的莫過於這第一張桌子。

我在書店裡，坐在小小辦公桌後，就這樣平靜地過了幾天，然後才驚覺自己根本沒做事。我習慣了繁忙的工作環境——我的前一份工作是在律師事務所處理文件。我非常不適任，於是趁早逃跑，以免被開除。然而，這樣的速度變化實在太震撼。在莎樂倫，電話幾乎不會響（有時候連續幾個小時都沒動靜）。大家安靜坐在位子上，他們所做的事太過奇特奧秘，我甚至無法裝懂。偶爾有顧客逛進來，詹姆斯會像猛禽一樣撲過去，帶他們去正確的書架。店長安德魯的座位在我旁邊，不時會和善關心我是否適應。嗯，我適應得很不錯，我總是如此回答，因為我沒有勇氣說出不知道要做什麼。後來我終於想通了，我必須開口找事做，否則我遲早會抱著小辦公桌變成一具乾屍，使得挖掘出我的考古團隊大惑不解。然而，我才剛冒出這個念頭，詹姆斯就抱著一箱書從陰暗角落現身。他要教我編目。

接下來發生的所有事，都令我一頭霧水，因為雖然我很樂意做事，但我完全不懂編目是怎麼回事。這份工作似乎必須以奇怪的詞彙描述書本，不過，相較於呆坐把玩手指，編目至少比較容易打發時間[8]。他交給我處理的書籍並非珍本書，詹姆斯一直企圖偷渡二手書進店裡，他從裡面挑了一些給我練習。這家書店的同事每個都神祕兮兮，他們做的事我實在無法理解，對於身為新人的我而言，這些書是非常理想的教材——即使我犯下離譜的錯誤，也不會有嚴重後果。然而，同事對於身為古書店員的意義，看法卻很兩極。

雖然乍看之下他們意見相同：二手書不見得都是珍本書、珍本書不見得都是古書。詹姆斯雖然專精各種書籍相關的知識，但一心想賣二手書。他樂於販售價值十英鎊的書籍給逛街走進來的客人，來源五花八門，除了後車廂或地下室大特賣，他甚至會把出版商報廢的滯銷書撿回來賣。他對電腦毫無興趣，也不愛為珍本書編目，他在所有東西上做記號，使用的方式雖然不是犯罪，但似乎應該列入刑法才對。他賣書的模式十分古

8 作者註：想要瞭解這門黑魔法，請見「05編目菜鳥指南」。

風，（據說）那個時代的人會在逛街時隨意走進書店，買下足以塞滿馬車的一堆書籍。詹姆斯熱愛大肆歌頌以前的美好時光，顧客比較沒有那麼難伺候——他認為書籍買賣的「現代」與「技術」層面全都只是自賣自誇。如果一堆書得放上十年才能賣掉，那就這樣吧——只要等得夠久，書自然會找到最合適的主人。對他而言，書籍採購乃是堂堂正道，不該被無聊小事影響，例如「會不會沒飯吃？」或「有沒有錢繳房租？」。

其他同事偏愛經手價格不斐的珍品，安全交付給熱血收藏家或深具名望的機構，但詹姆斯只想賣書。什麼書都好。於是乎，每天他騎著老舊的腳踏車來上班，一次次載來快塞爆的箱子，裡面全都是雜七雜八的二手書，不然就是一九九〇年代的火車指南，他總是不辭勞苦地扛進店裡，利用訓練學徒的機會「洗書」。詹姆斯會拿那些書來教育我，然後偷偷塞進店面深處，不給安德魯機會開口說：「你要把那些可怕的書拿去哪裡？立刻給我拿回來。」

閒逛的顧客、不是顧客的顧客

我認為應該撥一點時間出來，說明古書店員與顧客之間的愛恨情仇。我毫無瞭解就進入了珍本書買賣這一行，或許可以說幸虧如此，否則我可能會轉身逃跑、永不回頭。用「顧客」這個詞或許稍嫌過度概括，但我實在找不出其他詞稱呼走進店裡的人，事實上，走進古書店的人當中，只有小部分是真的想買書。

我要先說，我天性不愛交際。還在學走路的時候，就經常被大人叨念要多去和小朋友玩；青少年時期，時常被訓斥要是狗嘴吐不出象牙，就不要去打擾別人[9]。二十歲的

9 作者註：我媽最愛說的故事發生在我四歲那年，老師告誡小小奧利佛不要老是自己一個人坐著不動，而我立刻站起來，對可憐的老師秀出屁屁。哎呀，我受到嚴厲懲罰，獨自待在閱讀區思過，這反而正中我的下懷，毫無嚇阻作用。

年輕人，態度惡劣、沒有受過高等教育，實在很難找到工作機會，更慘的是那些工作大多必須應付一般大眾，差別只在於方式不同。現在回想起來，珍本書的世界之所以吸引我，或許是因為我懷抱著不切實際的天真想法，以為這個行業應該比較不需要面對陌生人，不像超市收銀員或乞丐那樣，經常發生尷尬的交流。

觀察古書店的店面，會發現一整天不斷會有人提心吊膽走進來。有老有少，有些戴眼鏡、有些刺青。大部分的人只是一臉失魂落魄地閒逛，不然就是問一些問題，只有少數會買書。很可惜，我們無法一眼分辨出哪些是買書的顧客，於是我們將每位顧客都奉為上賓，期待他們會突然拿出一大袋金條買下整家店。同樣地，那個感覺又窮又髒的閒逛顧客，說不定會拿出古騰堡聖經[10]讓人大吃一驚。隨時可能發生超乎想像的事，真的很難判斷。

身為莎樂倫書店的前臺店員，無論顧客提出怎麼樣的要求，都必須盡可能地禮貌對待[11]。莎樂倫的員工手冊中明列這項規定，詹姆斯更是絕不懈怠。我們經常會看到他萬分認真地研究倫敦街道圖，指出早已不存在的觀光名勝，或是老鼠佔地稱王的廢棄建築工地。他會拿出傘架上的傘給顧客使用，但是等到顧客走進大雨中時，他才猛然想起那把傘之所以還沒有被偷走，是因為傘面破了個大洞。他非常紳士，但也非常會危害人眾。

或許是因為書店太舒適，所以經常有人誤以為這裡不是營業場所，而是另一個家或飯店。我們經常遇到一種人，他們大步走進書店，想找不是書的東西。釘書機、印表機、湯匙。他們會滿面笑容在門口大聲說出要找的東西，似乎以為只要這樣就會有萬事通出現，帶他們找到需要的東西。很可能其他書店真的有提供這種服務，難怪經常有人上門找我們沒賣的東西，次數多到有點可怕。我曾經列印出整整幾百頁的說明書，教導老太太如何使用Google地圖（「噢，原來圖片會動呢，對吧？再弄一次，我想看我家。」），或站在街頭拚命比手畫腳解釋「調頭走原路才對」，那位老先生年紀非常大，很可能目睹過迦太基城[12]滅亡——這些都是一般書店員工的日常工作。在大家的想像中，我們是保護所有知識的神秘守衛，因此，他們經常會將珍本書店員當成人間的神

---

10 譯註：約翰尼斯．古騰堡（Johannes Gutenberg）於十五世紀在神聖羅馬帝國出產的一批印刷版聖經，是西方第一次以活字印刷術出產重要經典的印刷品，標誌著西方圖書批量生產的開始。

11 作者註：我們運氣不錯，顧客提出的要求一般無傷大雅，只是必須耗費時間。我相當慶幸，至今還沒有顧客膽敢向詹姆斯索取保險箱鑰匙。

12 譯註：位於北非的古城，西元前八一四年建成，十三世紀時因為十字軍東征而破壞殆盡，消失於歷史中。

燈精靈，無論他們有什麼問題，我們都能從古老的口袋中變出解答。

而在莎樂倫的屋頂下，長久以來最具爭議的要求，通常都伴隨著滿懷歉意的彆扭表情，「可以借用洗手間嗎？」這個要求感覺很無辜，對吧？莎樂倫的洗手間寬敞宜人，位在店鋪後方靠近地下室的位置。不知為何，逛街購物的倫敦人總是能夠遠遠就感應到這裡有很棒的廁所，因此經常有人上門要求在賣古書的店裡解決生理需求。二〇一四年的慘案讓書店決定不再讓民眾借用洗手間，這個故事不適合敏感的心靈，所以我就不說了，以免恐怖的細節嚇壞大家。

03 藏書家

既然大部分逛進來的顧客如此惱人，大家或許會懷疑，那書店為什麼要對外開門營業。理由是藏書家。有時閒逛的客人會進化成藏書家，就像醜小鴨變成黃金天鵝。我們無法得知是什麼催化出這樣的改變。一種類似喜鵲喜歡閃亮物品的原始衝動在表面下燃燒，某個黑暗的日子，他們走上這條不歸路，從此再也無法回頭……他們買下第一本古書。這件事看似人畜無害，但一旦開了頭，就躲不過接下來的三十九個階段，最後他們終將成為九十歲的孤僻老人，蝸居在堆滿書的房子裡，抱怨不肖子孫不懂這些寶貝藏書有多珍貴。書店員工長夜無眠，思考究竟是什麼造成這種轉變，但神秘的現象至今依然無解。儘管如此，書店絕大部分的收入都是由藏書家所貢獻，因為他們永遠沒有滿足的一日。

在「藏書家」這個大旗下，會發現一群古怪又神奇的人，他們共同的特徵是對於蒐羅、囤積書本寶藏的偏執。有些藏書家會特地經常登門，有些則只透過郵件溝通，甚至有人會從遙遠海外派來特使，送上一張寫滿謎之指示的清單，要求我們在六天內完成。他們通常有非常獨特的興趣與需求，如果想留住這些顧客，就必須記住他們蒐藏什麼類型、已經有什麼藏書，以及許多其他細節。當他們現身時，店員要立刻憑空變出符合他們喜好的書籍呈上，在外人看來，這種行為或許無異於超能力讀心術，但其實要歸功於數十年來高度敏銳的細心紀錄。

有兩種類型的蒐藏家必須特別關注。沒有經過專業訓練的人或許會認為應該更複雜，但其實真的只有兩大類。

史矛革[13]，正如其名，他們喜歡在廣大的巢穴裡堆滿大量珍貴寶物。其中有些真正的富豪，但絕大多數都不缺錢，因此可以廣泛蒐藏許多領域的書籍。他們最大的共通之處是包山包海：既然能夠蒐藏五十種主題，何苦只屈就一種？他們很可能不太清楚自己的藏書有哪些，不過他們寧可買三本一模一樣的書，也不願意錯過一本他們沒有的書。

可想而知，他們是書店熱愛的顧客，因為無論店裡進了多麼奇怪的書籍，史矛革都會愛不釋手。

德古拉，他們有非常特定的喜好，一心一意投入，蒐藏的習性也以此為中心。奇花異草、歌德風桌面擺飾、書法。只要是他們心愛的主題，他們絕對會想盡辦法取得、霸佔，要成功賣書給他們，就必須讓他們相信這本書與他們喜好的領域相關。書店必須要有足夠誘人的書籍才能吸引他們光顧，但是和他們打好關係絕對非常值得，因為很少有人像他們那樣，為了心愛的專精領域不惜代價。除此之外，當你需要瞭解相關知識的時候，他們也很樂意分享。有些甚至願意借書，或是邀請你去看他們的新蒐藏。我們店裡關係最密切的老顧客都是這種特定領域藏書家，經過數十年的配合而建立交情。

所有藏書家都可以歸入這兩大類，聰明伶俐的店員必須盡快學會如何分辨。如果德古拉每次上門，你都推薦與喜好無關的書籍，他們會消失在夜色中，尋找更瞭解他們品味的書店；如果只推薦精心挑選的特定類型給史矛革，他們很快就會嫌無趣（最慘的狀

---

13 譯註：托爾金（J.R.R.Tolkien）奇幻小說《哈比人歷險記》（*The Hobbit*）中的虛構角色，中土大陸的最後一條巨龍，佔據了孤山（Lonely Mountain）及其寶藏，對於寶藏內的每一件物品都瞭如指掌。

況是，他們會不再花錢買書）。配合藏書家的期望與嗜好是珍本書買賣的核心，書店員工與藏書家，這兩種最不善交際的人形成奇特的共生關係，雖然狀況不同，但都對日光過敏的這兩種人，攜手創造雙贏互利。

依賴藏書家維持古書店生意也有缺點。越有錢的蒐藏家越喜歡出難題，害我們晚上煩惱到睡不著。要留住這種顧客（以免被競爭書店搶走），就必須把他們重視的事當作自己的事。倘若來倫敦觀光的億萬富豪拿出一個插滿金屬利刃的儀式文物，要你幫忙寄回位在紐西蘭南部小島的家中，那當然不能拒絕。即使郵局不收利器，即使在報關單寫上「尖銳文物」會導致你登上恐怖組織黑名單，即使沒有人搬得動那個鬼東西，依然使命必達。

獵書人

真的很惱人，一旦賣出一本書，就需要立刻補上另一本。販售新書的店可以直接上網訂個十本，但珍本書店不一樣，我們不可能憑空變出書來填補空缺——部分是因為從其他古書店進貨的利潤非常微薄。真正有價值的書都是野生的——來自古書交易圈外，得到這種書，書店才能有可觀的盈餘。為了找到這種書，古書店的人有如拿著公司信用卡狂奔的雪赫拉莎德（Scheherazade）[14]，得想出一千零一種採購書籍的方式。之後我們會介紹其中的一些，不過，我們最常用也最奇特的方式，便是透過獵書人。

這種行業源遠流長，世人早已遺忘最早出現在什麼時代。獵書人具備獨到眼光，在

---

14 譯註：阿拉伯文學經典《一千零一夜》的女主角，為了拯救無辜婦女不斷說故事給國王聽。

遙遠鄉下或二手書店挖掘出遭受冷落的珍貴書籍，以低廉價格買下，然後送往競爭激烈的大城市出售，從中獲取暴利。大城市的書店有熟客名單，實體店面也能令顧客安心，他們會為那些書制訂合理價格，最後所有人都皆大歡喜。

獵書人沒有組織。應該也沒有人傳授或訓練這門職業，但古書店周圍固定會出現獵書人，完全不需要催促就會自己上門。這幾乎是自然法則。

獵書人的工作並不輕鬆（也不太受歡迎），因此各家書店會默默競爭，設法贏得他們的好感——畢竟書店希望他們送來好東西。只要一次沒有買書，很可能以後他們就會先去找你的競爭對手。另一方面，如果一口氣買太多其實不想要的書，那麼你犯錯的證據就會一直放在書架上，直到退休或死亡才能不必再看見。說到這裡，勢必要介紹一下郝松太太。

郝松太太的丈夫很久以前就過世了，留下非常了不起的園藝主題藏書，幾年來，我們書店一直向她採購。最終那些藏書全部賣完了，於是她開始偷偷塞進新買的書，假裝是藏書的一部分，大概是因為她習慣了賣書的收入。久而久之，我們察覺那些書並非原始藏書，郝松太太（有如圍著披肩的寶可夢）進化成獵書人了。雖然說這樣也沒什麼不好，可惜她選書的品味只能以錯亂形容。

郝松太太本來就不是個輕易改變方向的人，也不太願意聽人勸告。於是乎，儘管我們溫和迂迴地勸過很多次，要她選書時最好先考慮能不能賣得出去，可惜她從來沒有聽進去。事實上，儘管我們明確列出清單，提供想找的書名，但郝松太太徹底忽視，也不理會我們明示暗示的威脅：要是她繼續扛著幾大袋書跑來書店，我們會申請禁制令。直到現在我們依然想不通，這位嬌小衰弱的老太太，究竟怎麼會有如此驚人（老實說，簡直像惡魔一樣）的體力，能夠扛這麼多書。時間慢慢過去，從幾週變成幾個月，為了避免血濺書店，莎樂倫的全體員工達成一致意見，採取唯一理性的解決方法：繼續向郝松太太買書，直到永遠，然後將那些書藏在黑暗神秘的地點，將買書的錢列做維持和平的必要經費。

經營完善的書店都會和像郝松太太這樣的獵書人合作，這些人有各自的私密理由，寧願扛著好幾大袋的書本四處兜售，也不想找個地方定下來。我一直無法理解，竟然沒有人知道這種人物的存在，因為要是少了他們，倫敦的書籍交易絕對會瞬間停滯。

05 編目菜鳥指南

「朋友，你應該要寫上大量插圖才對。」詹姆斯察看他之前交給我練習編目的那堆書。他拿起其中一本翻了翻。「略微褪色……不對，不是褪色……淡化才對。書脊色彩略微淡化。」我忙著寫筆記，於是他繼續說下去。「如果是我，應該會補上一句『更添風韻』。」他從我肩膀後面探頭看我寫了什麼。「不對，這裡，不能說這套書每本顏色都不同，這樣賣不掉。不如改成……」他沉吟片刻。「或許可以說『多彩特殊設計』？」他眨眨一隻眼。「這樣才顯得稀有。」

他回到座位，對自己的工作表現十分滿意。「奧利佛小老弟，這就是所謂的……呃，怎麼說來著，蓋爾格？生意頭腦？」

一個書架後面傳來悶聲牢騷。「是所謂的狗屁才對，詹姆斯。」

蓋爾格負責旅行與探險部門，這個職位非常辛苦，在蓋爾格接手之前，短期內就換了三、四個人，每個都慘兮兮，雖然不知道是什麼邪惡力量讓之前那幾個人落荒而逃，至少蓋爾格似乎全然不受影響。我們經常看到他在書店外面遊蕩，穿著心愛的皮圍裙站在薩克維爾街的人行道上抽菸、喝咖啡。

自然紀錄片裡不是會有這種畫面嗎？小鳥兒吃大型動物身上的蒼蠅，這就是我和蓋爾格之間共生關係的寫照。他是電腦的剋星，光是接近就能引發故障，因此我常花大量時間在他的座位上，努力搞清楚這次是什麼零件融化了。雖然我努力了半天也不確定到底有沒有修好電腦，但蓋爾格依然給我珍貴的回報，分享他的智慧與建議。對於菜鳥學徒而言，這個交易實在太理想。

作為旅行與探險部門的負責人，蓋爾格幾乎在全世界各地進行書籍交易[15]。我強烈懷疑那些書他全部看過，因為他知道太多怪怪的故事，永遠說不完。他述說的方式有如施展魔咒，讓人不由自主相信，不過呢，我認為回憶錄與歷史書籍中所謂的真相，往往

15 作者註：他堅持他不是藏書家，只是將一部分買來的書放在家裡。

很有彈性。遊記、日記、錯誤到好笑的古地圖……蓋爾格全都知道。他是這個領域的達人，徹底體現這個詞的意義。

學習正確編目是珍本書店員工不可或缺的能力，至於何謂「正確」，則是見仁見智。身為書店學徒，除了搬箱子和修蓋爾格的桌上型電腦之外，所有時間我都用來向同事學習編目這門細膩的技術。

在古老時代，當恐龍與郝松太太統治地球，書店沒有彩色影印機這種利器，也不可能列印出大量圖片寄給藏書家。大部分的交易（至今依然有一部分）全憑龐大的銷售目錄，以超小字體印刷，詳細描述最新存貨的資訊，一一寄送到藏書家的家中，他們會迫不及待翻看，瀏覽一行行文字尋找令人垂涎的珍寶。藏書家非常龜毛，因此從事書籍買賣的人面臨非常獨特的挑戰——以盡可能精準的方式描述一本特定書籍，讓對方瞭解那本書的所有優缺點。於是誕生了編目這門藝術，以各種專有名詞、簡略縮寫、迂迴暗示描述一本書，盡可能不過度依賴圖片。任何一天，我們都會看到書店員工埋首書堆，緊皺眉頭思考手上這本書到底該不該有十九張圖片。

編目這件每天必須進行的小事，包含了從「我買下了這本書」到「這本書已經上架了」之間的許多程序。首先必須確認版本，將所有資訊登錄到電腦檔案系統中，以便後續參照。然而，最難的部分在於，如何精準記錄書本經歷時間考驗之後的狀態。為了達成這個目標，數百年來，這個行業的人開發出一整套書籍相關術語——在外人看來毫無意義的詞彙。傳統上，描述書籍時都會使用這種奇怪的語言，主要有兩個理由。首先，這種書籍交易使用的獨特語言可以讓人以極度正確的方式表達，不必耗費時間寫上好幾百個字；第二，則是優雅的語言能減輕買家受到的打擊。大部分的珍本書都有細微缺陷，儘管如此，在描述時不需要那麼率直。與其老實說出一本書內頁嚴重斑駁，以喪屍電影作為比喻，這本書早該被拖出後門，一刀結束痛苦折磨；相較之下，使用「色斑」（foxed）這個詞不是好多了嗎？書商習慣將綿羊皮封面稱為「軟羊皮」（roan），以小牛皮製成的紙則是「犢皮」（vellum）。如果將一本書描述為「手藝精巧」（sophisticated），就表示我們知道，這本書被動過手腳，可能是造假，也可能「有人非常努力想讓這本書看起來像初版」，儘管如此，我們認為這一點不但無損書的價值，反而能增加歷史意義。在我們看來，這是一種特色，而不是缺陷。使用正確術語是一種演出，是精心打造的儀式，是書籍交易的秘密握手方式，藉此來吸引有鑑賞力的客戶。

我學會這門技術如何運作之後，詹姆斯搬來一堆堆書籍放在我桌上，我以卡特的鉅著《藏書ABC》[16]作為武器，動手一本接一本辨別。這些都不是高價書籍，學徒不可能用那種書練習——只要有書脊、書頁就可以。每當我流露困惑的表情，就會有人晃過來，大喊一個我完全無法理解的詞，我乖乖寫下來，就這樣一次次重複，直到終於參透其中的關鍵。光是掌握基本要訣，便要花上不少時間，因為在接觸最基礎的工作之前，必須先學習很多東西。這本書是紅色的嗎？可不能這麼說喔，其實是紫紅色，或者是酒紅色。裝幀呢？真皮。哪種皮？不對，不是牛皮，是軟羊皮。斑點不是斑點，而是輕微「水痕」。那不是半摩洛哥，是四分之一摩洛哥，而這裡的「摩洛哥」並非國家，是山羊皮。

除了這些令人昏頭的術語，一般的古書商還必須針對書籍的狀態做一番評論。例如說，你可能認為這本書「狀態優」，也可能說「此書狀態佳」。一般人或許會認為，這兩個詞都能用來描述沒有嚴重缺陷的書籍，然而在古書買賣這一行，兩者的意義截然不同。只有剛從天使懷抱中取出的書籍，才能得到「優」這個評價，而所謂「佳」的書不如拿去燒掉算了，因為剛才你還說溜嘴，這本書根本是狗狗的早餐。將任何書籍評為「堪讀」則是天理不容的行為。我有一次企圖這麼做（僅此一次），結果詹姆斯立刻殺過來，緊抓著我寫的那份敘述，用力到指節發白，然後壓低聲音說以後千萬不准再把這兩個字以那種方式組合。

正如同鑽研任何學問一樣，編目之道學海無涯，因為當你對材料瞭解越多，便將隨之進化。而與其他學問不同之處在於，編目稱不上是藝術，也絕不屬於科學，比較像是全然沒有標準、任人各自發揮的嘉年華煙火。我剛才忘記說了：九成的書商對於每個術語都有自己的專業見解，而且會隨狀況而改變。

想像一下這個場景。我一臉迷惑，眼前的書比我雙手張開還大，放在辦公桌上的感覺有如讀經臺上的聖經，一看就知道憑我的能力無法應付。詹姆斯飄然經過。哦，那是對開本（Folio），他針對書的尺寸發表看法。意思就是很大一本書，僅此而已。我才剛拿起筆來，又換蓋爾格飄然經過。他看看我的筆記，然後說：不是對開本。仔細

16 作者註：這是一本非常厚重的書，之所以出名，除了因為能讓人對珍本書術語有初步認識，也因為作者酸到無可救藥，他討厭所有人，而且清楚表達出來。（譯註：《ABC for Book Collectors》，作者約翰．卡特〔John Carter，一九〇五～一九七五〕是英國外交官、藏書家、珍本書商。）

觀察書頁安排的方式，就會知道這其實是四開本（Quarto）。他漫步去忙別的事，又換別人飄然而至。基本上呢，這是帝王八開本（Imperial Octavo）[17]，然後以彷彿拔刀的動作抽出尺來。戰爭正式爆發，辦公區四面八方響起激烈砲火，就這樣熱鬧非凡地過了相當長一段時間，而那本書依然沒有完成編目。歧異無法從根本解決，因為可以說所有人都是對的，爭執就這樣繼續下去，直到大家都累了，那本書被扔到問題書堆，等以後再處理。其實編目只是以無比小心的方式說出看法，最終還是由個別店員自行決定、承擔後果。

大部分的書店只要有超過一個店員，就會有一套「店用規格表」，所有店員都奉為圭臬。但規格表的約束力也會因書店而不同，莎樂倫給予店員相當大的解讀自由。不過如此一來，最慘的還是本人奧利佛，因為隨著時間過去（而且越來越多人加入），每個店員都下定決心要讓我接受最好的教育，也同樣堅持要我使用他們習慣的語言。直到現在，依然經常有人建議我這裡應該用句號、那裡應該用逗號，甚至為了一個不乖的省略號而召開勸誡大會。

06 客服

距離我第一次跨坐在小小辦公桌前過了大約一週，安德魯的頭腦後方亮起一個微弱的小光點，接下來幾個小時間緩緩移動到前額葉[18]。那個光點建議我應該要簽合約。還沒簽嗎？沒有？噢，真是的。他用不可靠的桌上電話打內線去地下室，秘書長於是奉召前來。

依芙琳之所以可怕，並非因為外表，她的外表一點也不嚇人。她的臉龐溫和親切，說話輕聲細語，完全是和藹好阿姨的典範——然而，她氣勢過人，表明任何抗拒都只是

17 譯註：對開本尺寸為30.5×48.3 cm，四開本為24.1×30.5 cm，帝王八開本為21×29.2 cm。

18 作者註：安德魯思考工作的策略足以作為管理階層的典範，充分展現如何減少無謂瞎忙，其中的哲學大致上是：如果一件工作不需要再三叮嚀督促，就表示不重要，從一開始便不值得煩惱。

徒然。請想像一下，名將漢尼拔[19]在越過阿爾卑斯山之後決定退休（不帶大象），為了打發時間而去一家小書店擔任行政人員。雖然照理說他不會將你開腸破肚，挖出內臟裝飾走道，但你心裡很清楚這種事並非全然不可能發生。那時候（現在也一樣）在莎樂倫書店裡，人們提起她的大名，語氣總是格外敬重。依芙琳似乎負責處理所有特殊事項，也確實處理得很出色。

即使是像莎樂倫如此歷史悠久的珍本書店，難免還是得處理惱人的金錢問題。幸好店員不必親自面對他們行為的後果，因為所有與財務相關的麻煩事，都交由神秘的會計部來處理，顧客與供應商都難以接觸到這個部門。會計部的門裝了鎖，以免任何人（包括店員在內）隨便跑進去，只有記得密碼的人才能進出。傳統上，莎樂倫的會計人員總是成雙成對，有如拖鞋或河狸，盡可能保持低調，以便躲開那些拿著出貨單討錢的掠食動物。

除非到了山窮水盡的地步，否則莎樂倫的會計部極力抗拒新科技，因此書店的財務管理全靠一本巨大的帳簿，厚重到無法輕易移動。記帳使用非常方便的速記密碼，只有寫的人才能看懂。一排排檔案櫃、一堆堆箱子，依照數十年前制訂的規則整理，有時會為了解決古老的爭端，而從裡面挖出財務紀錄作為憑證。簡單地說，記憶從那裡來、金錢往那裡去。其他就全都是謎了，只有會計知道，但他們三緘其口。

除此之外，依芙琳也負責處理所有與賣書無關的文書工作。其實是所有文書工作。因為她負責太多重要工作，所以擁有秘書長的稱號，不過我們可能永遠無法瞭解她究竟在幕後默默打理多少事。她的小辦公室位在樓梯下方，裡面放著無數的資料夾，整齊收納的文件可以追溯到幾十年前，每一份都是因為特定目的而保留，然後慢慢從她的記憶淡去，最後成為辦公室的一部分。我簽約的那天，一份早已被遺忘的文件得以重出江湖，她喜孜孜在一堆看起來一模一樣的文件中翻找，紙張四散紛飛。大量表格與機密資料堆疊出令人生畏的高度，滿是灰塵的資料夾猶如黑暗海洋在她面前分開，然後緩緩吞噬她。我沒有開口問要不要幫忙——因為就算問了也只是做做表面功夫，我知道當天才施展絕活時，外人絕不可以打擾。終於她從混沌中現身，手中拿著一份空白合約書，以及一份用打字機打出來的《莎樂倫員工手冊》，「不久前」的一九九〇年代才由詹姆斯

---

19 譯註：非洲古國迦太基的知名軍事家，生於西元前二四七年。西元前二一八年，率領大軍與戰象越過阿爾卑斯山攻入羅馬帝國（今義大利北部地帶）。

修訂過，裡面仔細列出店員面對顧客時的完整儀式。

《莎樂倫員工手冊》在我桌上放了超過一年，我才終於找到時間去讀。據我所知，這本手冊現存只有一本。內容包含詹姆斯多年來親身測試過的要訣，經營珍本書店的竅門都在這裡了。

即使顧客說他每次來都有折扣，也千萬不要上當。

這絕對是他的建言中最有價值的一則，因為莎樂倫的顧客大約有一半會企圖讓店員相信應該反過來給他們錢才對。他們會說，老闆是我朋友。他們捐過腎。他們和股東歃血為盟。面對這種要求，店員必須堅定立場，無論對方說什麼一律一笑置之，就當作他們在開玩笑（其實當然不是）。

小心留意成群結隊的人，就算只有兩個也一樣。其中一個人會搗亂吸引注意力，另一個就趁機順手牽羊。

這裡「搗亂」這個詞用得非常正確，必須提出來嘉獎。只要有一群人一起進來，詹姆斯就會緊緊跟隨他們，有如伺機而動的猛禽，隨時可以伸出利爪撲過去。在我看來，是因為他緊迫盯人，顧客才會表現怪異，但是詹姆斯堅決相信，在拿出現金之前，任何人都有偷竊嫌疑。

小偷可能會故意在店裡待很久，藉此讓你感到疲憊而停止監視。絕對不能放下戒備。

這個建議雖然感覺太過神經質，但其實很有道理。經常有人在店裡一待幾個小時，要持續注意他們實在太難。通常我只能撐十分鐘，然後就開始分心了。

千萬不要坐著和顧客說話，對方是女士時更要站起來。

我對這一條視而不見。

和顧客說話時，絕對不要把手放在褲子口袋裡。

我認為這一條太過樂觀，因為平常我的口袋都塞滿東西：捲尺、漏水的筆、超大串鑰匙，根本不可能把手放進去。

太過催促可能會嚇跑顧客，不過給他們太多時間思考，也同樣會流失顧客。遊說必須溫和謹慎，最重要的是抓對時機。

雖然關於站起來和口袋的那些勸告不太實際，但是在這個領域，他可是真正的大師。該讓顧客考慮多久之後才適合出手輕推一把，將他們帶往會買書的方向，詹姆斯拿捏得非常精準。比起店裡其他人，他更深刻明白珍本書是奢侈品，人需要食物、住家，但不需要珍本書。買珍本書是敗家的行為，但是詹姆斯絕對能讓你相信，珍本書是幸福未來的關鍵。他（以多年經驗）判斷出，幫你找書所花的時間能讓你更想買下來。畢竟都已經花半個小時找書了，要是不買，不是白白浪費時間嗎[20]？

找到書之後，他會先離開，讓你安靜鑑賞（至少該欣賞一下吧？），因為店員都已經不辭辛勞幫忙了，有教養的人要離開之前一定會打個招呼。

當有其他選項時，顧客往往會自動拒絕店員拿給他們看的第一項。第二項出現時，他們會表示懷疑……

詹姆斯重新出現時，會拿著另一本書。與第一本相關，因為他知道第一本感覺就是不太對。這時顧客通常已經打算歸還第一本書，找個理由不買，不過，第二本書一出現，他們便會落入相互義務的陷阱中。可憐的顧客會繼續留在原處一個小時，假裝像鑑賞第一本時同樣慎重考量。畢竟這樣才公平。

20 作者註：後來我學到這叫「沉沒成本謬誤」，詹姆斯非常精於利用這種心理。（譯註：沉沒成本是指已經付出且無法回收的成本，而因為太過在意損失而加碼投入更多時間金錢即為「沉沒成本謬誤」。）

……第三本就會變得很容易接受（顧客會相信一切取決於他們的選擇）。因此真正想賣的書，最好放在第三個選項……

詹姆斯第三次出現時，顧客已經開始有些不耐煩了，下定決心兩本都不要，隨便編個理由脫身。但他們還來不及說完一句話，詹姆斯就會直攻要害，拿出遠比之前那兩本更好的書。這次他不會再消失，而是會花時間說明這本書的特殊之處，絕不能錯過這麼難得的機會。他會一直留在那裡，準備收錢。通常顧客都會承受不了壓力而讓步，同意買下那本書，臉上的表情猜忌又迷惑，彷彿被頭戴派對帽的灰熊搶劫。最神奇的是，幾個星期之後，一如詹姆斯的預測，顧客會說服自己這筆交易完全是他們心甘情願，出於他們的明智判斷而買下那本書。如此一來，他們就會樂意再次光顧，同樣的流程再跑一遍，直到顧客徹底陷入針對他們而設計的斯德哥爾摩症候群[21]。

……這一招絕對不是死纏爛打推銷。

書店怪客

那是個酷寒的午後，我第一次見到書店怪客，印象非常深刻。一開始，我誤以為她是德古拉，在靠近後方的書架徘徊，好像想要走過來。她走路的方式令我全身發毛。長裙遮住她的雙腳，讓人覺得她彷彿腳不沾地飄來飄去。她開口說話時聲音很幽微，現在想來依然令我不安，她問我之前有沒有見過她。沒有，我盡可能禮貌地回答，應該沒有。她微笑，露出太多牙齒的笑容讓我很不舒服，接著她問我要不要聽她唱歌，堅持說她的歌聲很好聽。

21 譯註：又稱為人質情結、人質症候群，是一種心理學現象，指被害者對於加害者產生情感，同情加害者、認同加害者的某些觀點和想法，甚至反過來幫助加害者的一種情結。

很多人來書店的原因很正常，一點也不詭異，要如何分辨出書店怪客呢？三項要點如下：

一、他們從來不買書，就算待在書店的時間再久、和店員混得再熟，都不會買書。

二、他們非常奇特，甚至讓人懷疑究竟是不是真人；也可能你從來沒有見過他們，卻經常看到他們留下的痕跡。

三、他們總是一次次回到犯罪現場，彷彿無法抗拒誘惑。

像莎樂倫如此古老的書店，各式各樣奇怪的怪客都見識過，他們大部分還算有禮貌，只會久久上門一次。

推銷員（The Spindleman）是位謎一般的訪客，頭髮像稻草，脾氣很古怪。他出現的次數稍嫌太多，每次都拖著一輛裝滿書的小車，只要有人稍微表示有興趣，他就會拚命推銷。遇上推銷員一定要小心，就像遇到妖精請你吃飯一樣。任何口頭承諾都會被當作正式合約，而且他整個人藏在七層厚外套下面，說話很不清楚，所以有時候你連自己承諾了什麼都搞不清楚。絕對不可以向推銷員借書，因為最後他一定會討回人情，要你做一些非常為難的事。

老祖宗（The Ancient）比光陰更古老，總是在最冷的深冬扶著助行器來訪。無論介紹什麼她都一口回絕，我們不清楚她是如何來去，因為光是跨過門檻就要花上她三十分鐘。儘管我們誠心誠意想要幫忙，但始終無法在書籍方面給她任何協助，一次都沒有成功過。

窸窣怪（The Ristlestig）住在地下室的包材庫裡，沒有人知道是什麼東西。在那一片各種材質、尺寸的箱子與隨意亂丟的氣泡紙當中，有時會傳來窸窸窣窣的聲音，伴隨著一陣陰寒，或許有人會以為是外面吹進來的風，但是地下室離街道非常遠。

西裝男團（The Suited Gentlemen）每年會出現一次，穿著稱頭的全套西裝，要求看店裡所有關於愛茵．蘭德（Ayn Rand）[22]的書籍。他們總是戴著深色大墨鏡遮住大半張臉，走動時不發出半點聲響，永遠是兩個人一起出現。他們偶爾會毫無理由中大笑

22 譯註：二十世紀初俄裔美籍小說家及哲學家，史上最暢銷的作家之一，也是二十世紀美國最為知名、小說和論著銷售冊數最多的作家、思想家和公共知識分子。

一聲，彷彿以為人類都會這樣，因此刻意模仿。

一般人一遇上怪客都會很想立刻趕走他們，但只要相處夠久，最後還是會產生感情。我將他們視為恐怖的神秘現象，而他們很可能將我視為干擾他們享受書店樂趣的障礙。就像那句老話：人怕蜘蛛，但其實蜘蛛更怕人。雖然你在客觀層面認同，但是在情感上，你依然想用杯子把蜘蛛抓起來丟出去。

唱歌怪客對我大笑一聲，推我一把，讓我停止發呆。她決定不要唱歌給我聽了，因為我的氣場不對。或許下次吧。她飄向陳列當代初版書的書架。沒有，今天她沒有要買書，只是看看。

她終於走了，但是離開之前還特地要了五個空的塑膠袋，她沒有說要拿去做什麼，只承諾一定會歸還。

08 葫蘆瓜

有人抱著解體的植物遺骸走進莎樂倫大門，這種事雖然不是每天發生，但確實發生過。事發時間是一個還算晴朗的平靜午後，光是這樣應該便足以讓我有所警覺，很快就會出事。儘管我非常討厭那張迷你辦公桌，但也並非全然沒有優點，其中之一就是距離安德魯很近（他經常接待非常有趣又優秀的獵書人）。這一次，上門兜售的那位男士有種街頭魔術師的絕望感，一連拿出好幾本不怎樣的書之後，終於拿出壓箱寶。「葫蘆瓜！」他匆匆說出，以華麗動作呈現最後的必勝絕招。安德魯的臉簡直像人面獅身，完全看不出是否對這個寶貝動心。

那個瘦小的人一直背著一個大背包，此時他從裡面拿出一樣東西。因為外層包了太多氣泡紙，因此他忍受了好幾分鐘的尷尬丟臉，好不容易才拆開包裝，拿出寶物鄭重放在桌上。他甚至特地後退一步，增加震撼力道。那是一個葫蘆瓜，大約籃球尺寸，有人把這個無辜的瓜曬乾之後雕刻成維多利亞女王的臉。做工像是用大砍刀劈出來的，但還算看得出來是女王，也就是說，那張臉雖然背對著我，但我依然感受到有多嚇人。接著他再次出手，將瓜一分為二[23]，裡面是空心的，另一側雕了另一張臉——某位古早年代的重要人物，我始終搞不清楚他是誰，無論他曾經有過怎樣的豐功偉業，現在也只剩下一張刻在乾枯蔬菜上的臉。兜售的人說，可以掛在牆上當裝飾。絕對值得收藏。想要做大生意，怎麼能放過這種好東西？

在我看來，買下那個恐怖葫蘆瓜的金額實在太誇張，但安德魯眼睛發亮，所以這玩意說不定只是乍看之下不起眼，其實很珍貴。他是不是知道什麼我不知道的事？難道說真有專門蒐藏葫蘆瓜的機密組織，只是我沒資格知道？蒐藏書籍只是幌子，其實那些有錢有勢的大人物在進行黑市交易，買賣蔬菜雕刻，錯綜複雜的程度連伊斯坦堡大巴扎[24]都自嘆弗如？安德魯與那位蓄唇髭的先生完成交易之後，葫蘆瓜成為店裡的存貨，簡單重新包裹好，靜待編目。

冬季來了又去。我們懇求顧客買下瓜；但就連最死忠的老顧客一看到雙面瓜本尊，也會突然客氣地編個理由逃跑。那個瓜逐漸從辦公桌移動到箱子上再移動到地板上，最後徹底從我們眼前與心中消失。

幾年後，我在辦公桌附近踩到一個東西，發出響亮的喀啦一聲，整間店都聽見了。我心中已經知道會是什麼東西了，小心翼翼抬起腳，果然看到被踩爛的維多利亞女王，她隔著灰塵與氣泡紙怒目譴責我。她始終沒能脫穎而出，就這樣陷入無間地獄，直到我的靴子送她上路，斷送她找到新家的夢想。我在心中痛哭，賠償的數字令我心痛（這個破葫蘆瓜的價格超過我一個月的薪水），我收拾好碎片，盡可能重新拼湊，最後的成果大致上不太像維多利亞女王，但也不至於完全不像。我短暫考慮該怎麼辦，包括偷偷把瓜帶出書店，分成幾塊扔進倫敦各區的垃圾桶裡，就像棄屍一樣。我懷抱著罪惡感，決定時間能解決所有問題，我知道有個從來沒人開過的櫃子，把瓜藏進去，希望在我死之前，四分五裂的瓜都不會重見天日。

---

23 作者註：因此我有時會將這個瓜稱為雙面瓜，反映出可以一分為二的特色。

24 譯註：巴扎為土耳其語的有頂市場之意，而伊斯坦堡大巴扎則是世界上數一數二最大、最古老的巴扎，興建於一四五五～一四六一年，有至少五十八條室內街道和四千多間商鋪。

09

修復

我在地下室的書架上亂翻，尋找可以藏葫蘆瓜的地方，手突然碰到一個濕濕的東西。我本能地縮手（因此推倒一堆學徒評鑑文件，我記得應該幾年前就丟掉了才對），強忍尖叫的衝動去找手電筒。

有了手電筒加持之後，我回到那裡，稍微深入檢查，動手搬走一些書，想找出究竟是什麼東西。一本滿是霉斑的狄更斯傳記。兩本初級植物學，想必是郝松太太的貢獻。一本魔術師相關書籍的目錄（一八六一～七八）。在這堆書後面放著一個綠色盒子，彷彿刻意避開架子上的其他東西，以免被人看見。我用手電筒照亮，發現這個盒子其實不是綠色，而是幾乎整個被侵蝕性極強的霉菌佔領。旁邊的書似乎沒有遭到波及，這件事本身就能引起更多疑問，不過，如此一來就可以簡單拿出來了。我的抽屜裡一直放著一條髒抹布，隨時準備應付腐敗液體[25]。書店後面的牆壁總是很潮濕，看來這個箱子也是因為這樣而發霉，不過這本書不像是參考資料。有人特地費心訂製了書盒，換言之，這本書可能原本是要賣的，甚至可能已經想好要賣給誰了。我彷彿全世界最不情願的考古學家，用髒抹布稍微擦乾淨，發現側邊印著一個燙金的名字：艾德溫・朱德（Edwin Drood）。

好奇戰勝了噁心。我打開盒子，裡面放著一疊快要爛光的藍白小書，毀損非常嚴重。嗚呼哀哉，這可是初版的狄更斯小說，任何珍本書店員都能一眼認出，即使放在漆黑房間的另一頭，我們也絕不會看錯，這是我們的詛咒。而這套書呢，絕對是狄更斯未完成的遺作《艾德溫・朱德之謎》（*The Mystery of Edwin Drood*）。肯定不是什麼學術參考書。我查了一下，系統裡沒有紀錄，換言之，這套書應該放錯地方超過十年了，最後終於躲不過潮濕的摧殘。我把書從盒子裡拿出來，但又不知道該放哪裡才合

25 作者註：「奧利佛，你該洗抹布啦！」你或許會這麼對我說，但如果每個人的工作環境都一塵不染，盤尼西林就不會被發現了。（譯註：發現盤尼西林的科學家弗萊明忘記清洗培養皿便離開實驗室，數天後，他回到實驗室，發現其中一個培養皿內長了霉，但霉的周圍並沒有細菌。弗萊明假設這種青黴菌可能帶有能殺死細菌的物質，並將其命名為盤尼西林。）

適，於是先用塑膠膜包起來，心想說不定還能救回一部分。在這種狀況下，能求救的對象只有一個。

所有書生而平等，只是有些比較苦命。當收到歷盡滄桑的書本時，我們會送到樓下的「修復」部門。雖說叫修復，但其實並無法恢復原貌，但也不算造假——而是兩者之間。負責修復的人名叫史蒂芬，身材矮小、雙手靈巧，從光陰伊始便從事這份工作。他總是一臉無奈的笑容，眼神彷彿看穿一切，他一手負責修復書本的繁重工作，盡可能讓書本呈現出良好狀態，他採用的方式屬於實驗性質，混合膠水、希望與巫術。如果他在辦公室，或者剛好天時地利人和，那麼，就會在樓梯底下找到他，藏身於一堆書本之下，正努力修復受損的書本內頁或蝴蝶頁。他和秘書長共用這個空間，他們兩個擠在這個舒適的小角落靜靜作伴。這些年來，我拿過不少死狀悽慘的書本向他求救，他從來不會拒絕，也不會說沒辦法修。

我一直認為修復書本的工作應該很有趣，只是我的手不夠巧。修復的重點在於製造假象——在正確的點上進行修理與支撐，盡量減少外力介入。話雖如此，有一次我親眼看他修復撕破的書頁，使用的手法讓人完全看不出痕跡。我也曾經看他把整個蝴蝶頁換掉，但是結果和原本的一模一樣。當然啦，販售書本時必須清楚說明所有進行過修復的地方，不過感覺起來依然像施了魔法[26]。要如何成為書本修復師？我毫無概念。史蒂芬絕口不提，就算在網路上拚命搜尋也查不出他們來自何方。我猜想可能有一個神秘組織，每年舉行大型集會，但也可能他們會自動出現在需要他們的地方，就像電影《歡樂滿人間》（*Mary Poppins*）裡的魔法保母。我也曾經短暫考慮過，說不定史蒂芬能夠修好葫蘆瓜，但我決定等到犯罪線索消失之後再請他幫忙。

如果書本的狀況實在慘到無法修復，但我們依然必須出售（可能是手稿，或是有簽名，會因為外觀而影響價值），那通常會以重新裝幀或換新書盒的方式處理。如此一來，就必須交給裝幀師處理，他們會將封面拆掉，換上新的皮革，通常來自特殊的牛、高級的羊，或是顧客指定的材質（我知道你很想問，我就先說吧。沒錯，基本上也可以用人皮做封面，但觀感不佳）。裝幀是一門即將消失的藝術，這門行業曾經非常熱門，但因為顧客漸漸體認到原始裝幀值得保存，因此裝幀業便開始沒落。以前許多書店（包括莎樂倫）會在店內自行處理大部分的裝幀工作。事實上，我們店裡一直留著裝幀工

---

26 作者註：不只一次，顧客來找我爭論，他們會堅持說明明沒有經過修復，但事實上整個修復的過程都在我眼前進行。

具，最近才賣給偶然逛進來的顧客，這樣或許也好，至少能重新派上用場，或許是當作復古騎士比武的道具，也可能用作家居裝飾。裝幀業凋零造成很麻煩的結果：可靠的裝幀師很難有空檔——所謂可靠，也就是一分錢、一分貨。裝幀業有個神奇的現象，顧客一旦討價還價，裝幀師的閱讀障礙就會突然發作：如果你等了八個月終於拿到裝幀完成的書，卻發現華麗燙金的書名不太對勁，《偉大的展望》變成《偉太的譫妄》、《小杜麗》變成《小肚臍》[27]，你很快就會學到不能亂砍價。裝幀師的預約清單非常長，而且找裝幀師就像找水電工一樣——可以立刻接案的人八成都有問題。

在非常罕見的狀況下，搶優秀裝幀師的競爭會變得太過狂熱。不久之前發生過這樣的事：一位年紀很大的裝幀師（在業界相當知名），到了九十多歲還在工作。可想而知，隨著年齡增長，他的工作量逐漸降低，大家都認為他可能來日無多，於是急忙拚命下單，生怕他隨時可能雙腿一伸，前往裝幀師死後的世界。說不定那是一片原野，到處是天國的牛，裝幀師必須一一向每隻牛道歉。總之，大家開始瘋狂爭奪可憐的老人家，我聽說好像有個人為了能搶到他的服務，不惜搬去他家。幸好現在他已經揮別人世了，不必繼續受苦受難。不過呢，我一直認為這個故事有如伊索寓言，告誡大家千萬不要在工作上表現太傑出，否則到了九十歲還會遭到貪婪的書商綁架，關在地窖裡被逼著做書籍裝幀。

唉，大家應該猜到了，裝幀費用很高。很少有書值得花那種錢，受損到必須重新裝幀的書更是如此。如果一本書無法修復，也不值得花錢裝幀，會有什麼下場？那麼這本書就慘了。如果我們收購到這樣的書，有時會送去地下室的印刷品部門，他們可能會把書頁拆下來做成裝飾。我們在這方面一直相當成功——畢竟能救回一點是一點，總比完全沒救來得好，我們通常會小心翼翼拆下有藝術價值的部分加以保存。這一步非常重要，因為下一步就是沒有人願意說的悲劇了。

當書籍毀損到毫無價值也無法挽救時，就只能丟棄或回收，（如果有空間）也可以留著自己欣賞。每當我告訴大家這件事，他們都會一臉驚恐地看著我，彷彿我建議拆除巨石陣[28]，空出地方來蓋超市。然而，珍本書這個行業之所以能夠存活，正是因為大部分的舊書都不值錢。我們這門生意的性質就是如此，從財務角度看來，絕大部分的古董

---

27 譯註：《偉大的展望》（*The Great Expectation*）與《小杜麗》（*Little Dorrit*）都是十九世紀英國文豪狄更斯的作品。

28 譯註：位於英格蘭威爾特郡埃姆斯伯里（Amesbury，Wiltshire），幾十塊巨石圍成大圓圈，其中一些足足有六公尺高。據放射性碳定年法的結論是約建於公元前四千～二千年，屬新石器時代末期至青銅時代。

書都毫無價值。因此，如果要投入書籍交易工作，最好趁早練出堅強意志力，在打包準備捐給二手書店或慈善書店時，不去聽書本的哭喊哀求。

10 芭蕾舞伶與舞衣

我不確定是誰介紹威勒比先生聯絡我們書店，但他打來的時機非常不好。我正忙著幫人稱「老祖宗」的怪客走出店門，那天她耗費的時間特別長，怎樣都跨不出門檻，我們試了一次又一次，每次她的助行器都以奇怪的角度卡住。只要我因為其他顧客而稍微轉移注意力，她就會立刻成功脫困，蹣跚往反方向走去，嘀咕抱怨沒有人幫她出去。這個過程不斷重複超過半小時，這時背景突然響起刺耳的電話鈴聲。

通常我在忙的時候都會放著不管，相信答錄機應該會正常運作[29]，不然對方等太久也會掛斷。這次電話響個不停，終於讓我覺得無比煩躁，於是我將老祖宗留在我能看見

29 作者註：絕對不可能——請見「11 優質學徒培訓」。

的角落，抱著惡劣的心情大步走向我的辦公桌。

在書店接電話必須注意一件事：如果你的語氣不夠客氣，對方一定會讓你付出慘痛代價。在書店工作的時間夠久，就會將客套話發揮得淋漓盡致，隨時可以登場。克里斯即使同時在忙三件事，依然能夠展現出完美周到的禮儀，詹姆斯更是熟記一套滔滔不絕的陳腔濫調，他說得如此熟練，乍聽之下會以為對方是他的老朋友。很可惜，我的聲音似乎天生討人厭，因此不只一次被捲入慘痛的紛爭。

「您好，」對方是位老先生，語氣很開朗，可惜所有證據都顯示這通電話不會太愉快。「我有些書要處理，請問該聯絡哪位？」說出這句話的人接下來通常會開始長篇大論，於是我坐下聽，一邊盯著老祖宗，她故意用助行器去撞書架。對方開始說明，我不想聽都不行，因為他想把一生的故事都告訴我，而且足足講了五分鐘都沒有換氣。漫長的人生故事聽久了難免會有點疲倦，於是沒多久我就改為記下他的聯絡資料，答應一定會幫忙，但其實手指偷偷交叉，比個代表撒謊的手勢。他解釋，他在一家地位崇高的舞蹈機構擔任圖書管理員，長官命令他處理掉一大批書。

我自作聰明將這個燙手山芋扔給主管。安德魯有經驗，他經手過表演藝術相關的書籍，我告訴他有位威勒比先生會來找他談書的事。可惜這一招並沒有為我爭取到時間，因為威勒比先生雖然年紀大了，依然非常有活力（肯定是因為長期處在舞蹈的空間，所以沾染到了）。我這個始作俑者懷著一絲歉疚躲到其他樓層裝忙。等到時間差不多，我判斷應該塵埃落定了，這才回到店面樓層，卻發現安德魯非常好心地安排威勒比先生再次和我們見面，而且這次要深入野獸的肚子裡。約定的時間是一大早，算是我的報應。

很多跡象可以看出這趟只是白跑，首先就是那棟建築本身，恐怖的玻璃怪獸蹲踞路旁，好像肚子很餓的樣子，隨時可能伸手抓路人來吃。頭腦正常的珍本書專家絕不會自願將藏書放在由大片玻璃組成的建築中，光是夏季高溫便足以讓所有藏書變成扭曲悶燒的破布。

到了門口，我被保全攔下，他身上的西裝好像非常貴。他正確判斷出我不是舞者，除了躺在鐵肺[30]裡被輪床推進來的人，應該沒有人比我離舞蹈更遠了。我進門時還絆到門檻，更加證實我是賣書的人。

---

30 譯註：協助喪失自行呼吸能力的病人進行呼吸的醫療設備，密封金屬筒連接壓縮幫浦，病人躺在筒內，只剩下頭部露於外面。當鐵肺的幫浦吸入及抽出空氣時，由於筒內氣壓的改變，使病人的胸廓產生相應膨脹或壓縮，令病人能夠進行被動性呼吸運動。

可想而知，我遲到了，我快步在走道上前進，兩邊的牆上掛著許多照片，優雅的男男女女在身體極度扭曲的瞬間被拍攝下來，我盡可能不感到自慚形穢。感覺幾乎像是無論走到哪裡，他們的髖部都一直跟著你。這些人全都忙著展現出最令人驚艷的模樣，沒空光顧珍本書店這種怪怪的地方[31]。我好不容易才找到安德魯和威勒比先生，因為我遲到，威勒比先生逮到機會進行最煩人的演出：背景故事。而我更是被迫聽了第二遍。

他講完之後，我們搭乘玻璃電梯上樓，這種電梯炫耀意味濃厚，而且存在的唯一目的就是載著厭煩的乘客上升十英尺。圖書室藏在建築的中心部位，威勒比先生不斷哄勸，誘拐我們進去。裡面空間很大，沒有隔間，擺著一排排倉庫常見的耐重層架。每個架子都有仔細標示，分門別類、整整齊齊，用心的程度讓我不禁稍微心軟。裱框的海報零散放在地上。

他繼續講故事，我和安德魯隨處走動，探勘一下狀況。為藏書估價時，一定要把整個空間走一遍，默默鑑定是否有特別的珍寶，同時判斷是否必須立刻逃跑——例如整間圖書室堆滿驅魔書籍的狀況。

我們一眼就看出問題，同時威勒比先生繼續興奮地講個不停，自己說出了缺點所在。「我自願來打理。」他自豪地說，因為其他人都不太在乎舞蹈圖書室。「我剛接手的時候，規模小很多。」他接著說，滔滔不絕述說他如何花了好幾年的時間一點一滴建立起來。他一手管理，根本沒有預算（他不得不用自己的錢買各種東西），他悄悄蒐藏所有看中的東西，過程中逐漸離原始目標越來越遠。接著他秀出一系列的芭蕾舞衣，每件都穿在假人身上，擺出栩栩如生的姿態。他提醒我們這些舞衣不在出售範圍，不過他很樂意告訴我們背後的故事，每件舞衣都屬於已經過世的知名舞者，我一邊聽，一邊繼續尋寶。

我和安德魯在書堆間漫步，盡量不看他的雙眼，因為我已經知道鑑定的結果是什麼了——絕大部分的書籍都是現代名人的傳記，其餘則是戲劇評論，但那些戲早已被世人遺忘，最後則是受損嚴重的書籍。這裡的書籍根本賺不到錢，不值得投入那麼多時間一一編目。

我耐心等候，相信安德魯一定會告訴威勒比先生這個壞消息，老人家抱怨被迫縮減

31 作者註：我長年懷抱著一個信念：人一次只能進行一項需要全心投入的嗜好。如果你一週七天、一天二十四小時都待在練舞室，當然不可能還有時間在地下室尋覓古書或編織。

藏書，譴責同事太過庸俗。接著，威勒比先生拿出幾個文件夾，他詳細嚴謹地一一記錄了每個書架上有多少書、主題是什麼、以怎樣的方式排列。他說，這些資料可以幫我們節省時間，但他的表情卻透露出截然不同的想法。老實說，那一刻我們就輸了，因為威勒比先生真心愛這些書。就算一毛錢都賺不到也沒關係。就算這些書被蟲蛀得亂七八糟、破破爛爛也沒關係。他靠自己慢慢地一本本累積出這批藏書，所以他在乎。他無法忍受這些書被送去回收，雖然這很可能是唯一合理的處理方式。

我花了一整天的時間打包威勒比先生所有的藏書[32]。那些細心整理、慎重記錄的書籍打包好之後，胡亂塞進一輛大廂型車，穿過整個倫敦，送往「另一個地下室」[33]，至今依然在那裡。

11 優質學徒培訓

下午五點半，一位顧客想盡辦法教我長除法，但完全是對牛彈琴。都怪我不好，之前閒聊的時候說出自己數學不好。她將教我數學視為個人大挑戰，我相信她是出於善意，但很快她的心情就變成無力絕望。那位教授絕招盡出，想要讓我的石頭腦袋吸收，可惜我只是呆呆看著紙上的數字。可以拯救我的人當中，距離最近的是克里斯，他負責自然史部門，一直都是店裡最聰明的人，我猜想他有時應該也會覺得煩。所有同事當中，克里斯負責的顧客最有趣，而且他經常能找到最貴的書賣給他們。我認為他的大腦

32 作者註：安德魯去了其他神秘的地方。
33 作者註：請見「34 地窖探險」。

太聰明所以閒不下來，只有同時忙好幾個大企畫才能滿足他。幾何學、顯微鏡、演化科學。（據我所知）最可怕的是他一手打造了這個部門，單純因為他有興趣。我非常喜歡和他相處，他總是會拿出很有意思的東西。

可惜現在他無意對我伸出援手，大概是因為他也不想聽別人解釋怎麼做長除法。這位顧客是從海外來的，為了造訪我們書店，想必花了很多心力，結果我卻徹底辜負了她的努力，我的理解力差到令她感到神奇。

幸好書店給我的教育不只是數學而已。書店的經費從來都不太充裕，因此安德魯想出很精明的招數，將莎樂倫最新的員工登錄進政府出資的學徒培育計畫。只要莎樂倫書店能證明確實有教我一門專業，政府就會補助我的部分薪資。安德魯大概沒想到，現在學徒的定義已經和一七六一年不同了，這個計畫主要針對水電工、美髮師，以及其他能實際服務社會的職業。儘管如此，當我跨坐在迷你辦公桌後、換了好幾個不對的名牌（麥克、彼德、約翰），程序已經跑到無法回頭的階段了。

我開始上班之後沒過多久，一個立意良善的政府資助組織「優質學徒培訓中心」便開始聯絡書店並關心我。一開始大家可能以為只是詐騙，根本沒有人放在心上，想說只要擱置夠久，事情就會自動消失，很快那些人就不會再來煩了。

大概是因為每次打電話都只會聽到哀怨的嗶嗶聲響[34]，最後他們只好另外設法確認我的狀況。於是乎，凱莉來到書店，抱著一堆資料夾、端著外帶咖啡，配備筆電與對體制的過剩信心。她第一次踏進莎樂倫的反應像所有人一樣，無邊死寂令她呆站愣住，然後才調適過來，邁開腳步尋找人類的蹤跡。大家互相介紹之後，因為沒有別的地方適合談話，我和凱莉只好去陰暗狹小的編目室，這絕對是最適合進行機密會議的地方。

會議從一開始就很不順利，因為詹姆斯強行扣押了凱莉的咖啡，聲稱可能造成難以預料的風險，然後小心翼翼將咖啡拿走，態度彷彿處埋不穩定的放射性同位素。移除危險物品之後，詹姆斯離開讓我們兩個安靜談話，無數的書堆包圍我們，全都是沒人想處理的東西，藏在這裡眼不見、心不煩。她拿出筆電想要插上電源，導致我們費了一番功夫尋找插座。終於，我們在桌子下面的地面找到一個隱藏式插座，為了把插頭插進去，

34 作者註：莎樂倫真的有答錄機，但每次頂多運行一、兩天就會故障。以前有一臺答錄機需要每天早上固定重設——這是學徒的工作，但我始終搞不定，因此，書店之所以慢慢放棄使用答錄機，我自認也有部分責任。後來書店全面換新電話機，新機器配備高級的答錄系統，遠超出我們的理解能力，因此結果依然相同。

我撞開了一個箱子，敲到一個巨大的華格納金屬死亡面具[35]，發出的清脆聲響充滿嘲諷，餘音繚繞，直到我把面具塞回去、蓋上蓋子才終於消失。

這時，凱莉看我的眼神彷彿受困發高燒時的混亂夢境。她很有禮貌，沒有擰自己，也沒有尖叫衝出去，但我明顯感受到，這不是她預期中的狀況。她以資料夾作為武器，拿出取得學徒資格必須填寫的文件，開始一一問我清單上的問題。關於電腦與收銀機的部分，我大多搖頭，不然就是回答「我們沒有」。我試著解釋書籍編目工作，可想而知只得到她茫然的表情。當我說出不知道晚上垃圾被清到哪裡去，所以不可能幫忙處理垃圾，這時她幾乎崩潰了。終於問題都問完了。她疲憊嘆息，最後問道，店家有沒有教我如何與顧客應對？她的表情充滿希望，認定這次一定能得到正面回答，同時我心中閃過用掃把抵擋推銷員的畫面，但我實在不忍心讓她失望。有，我說出她想聽的答案。顧客，沒問題。這個答案讓她重新燃起最後一絲熱忱，重整旗鼓振作起來。可以讓她看看我服務顧客的情形嗎？

我們回到店面，我向安德魯說明凱莉需要坐在店裡觀察我服務顧客的情形（說得太長搞得很難為情）。她找到一張凳子，在店鋪後方坐下，拿出一個文件夾板，然後大家一起等候顧客進門。凱莉一心相信隨時會有顧客進來，兩個小時過去了，沉重的希望逐漸壓垮她。她似乎不知道該說什麼，我也說不出安慰的話。

幸好安德魯出面解救我和凱莉，他寫了一兩段溢美之詞，說明一切都沒有問題。她死命抱緊千辛萬苦得來的救命索，將我拉到一旁，堆起僅存的尊嚴，宣布評鑑工作完成，結果十分令人滿意，最後留下一些文件要我填寫。我把那些文件歸檔到我存放所有文件的地方：桌子旁邊的垃圾桶，到了晚上，裡面的東西就會自動消失。

35 譯註：華格納，德國作曲家、劇作家，以歌劇聞名。死亡面具是以石膏或蠟將死者的容貌保存下來的塑像。

12 推銷員

下午三點半，推銷員咬牙切齒，口水噴得我滿桌都是。「怎麼可能只值這個價錢？」他堅持，煩躁地來回移動重心。他的眼睛瞪得像杯碟一樣大。「明明很值錢。再高、再高，這樣才對。」他將那套書推回我面前，我搖頭，溫和地制止，以免他把書推到我腿上。「不行。」我刻意保持語調緩慢平和，以免更加刺激他。「我們不行、今天不行，謝謝你。」推銷員發出怪聲音，像是咒罵也像嘶聲吸氣。「這套書很稀有。」他吵著說。「只有這一套。只有這一套。」我擦擦眼鏡，盡可能解釋問題所在。他帶來的書是一套目錄，介紹一套具有歷史意義的瓷器，詳細列出所有特色。這些書非常厚重。

我把那幾本書攤開。「對，」我讓步，「確實很難找到。」推銷員歡呼一聲，小小跳了一下，將重心移到另一隻腳，這是他自認獲勝時的小動作。

想要讓別人看上你的珍本書，可想而知，第一道關卡就是必須夠稀有、夠難找。顧客之所以付錢給珍本書店，就是因為自己無法取得。而我們之所以能收取高價，就是因為我們可以一臉囂張地對客人說：「不然你自己去再找一本啊。」[36]拿書來賣給我們的人，大致上都知道珍本書生意的這個部分，也明白箇中道理。能夠在市面上找到 大堆的那種書，能喊的價格就比較低。老實說，如果只側重在稀有度，那麼要找到並不難——根據統計數字，只要挖一挖二十世紀的斷垣殘壁就能找到不少。

「不過那並非唯一的條件，對吧？」我接著說。他歪頭蹙眉，不用我開口，他已經知道我要說什麼了。推銷員是老狐狸，欺負我是菜鳥沒經驗，企圖唬我買下那些書。「看這裡，」我說，把書翻個面，「書脊有損傷，對吧？而且還褪色。這套書的狀態很不好。」

通常大家會在這裡卡關：書籍必須狀態良好。賣書的人帶來一本《喬瑟夫・安德魯與友人亞伯拉翰・亞當斯先生探險記》[37]（*The History of the Adventures of Joseph*

---

36 作者註：這是詹姆斯熱愛的消遣。

Andrews and his friend Mr Abraham Adams），第一眼看到時我會非常激動，但接下來才發現少了第二張版畫插圖[38]（圖案應該是芬妮聽到噩耗而昏倒）[39]。一瞬間，這本書的價值從數千英鎊變成零。

一般人會認為書的品質好壞會直接反應在價格上，但實際上的狀況沒這麼簡單。狀態優良的書籍價格高昂，但不代表狀態有一半好的書就會有一半的價格，比較可能會變成毫無價值（記住：「佳」=不如拿去燒）。珍本書商可以爭論這個問題直到地老天荒，但這個產業是蒐藏家的市場，而蒐藏書籍的原則和蒐藏其他東西一樣——他們想要那個東西的最優版本。這一點對書籍蒐藏特別重要，因為得到「唯一」那本的機率很低，但得到「最好」那本的可能性比較高。簡單地說，許多書籍必須接近完美無缺的狀態，才會有人願意買下來。

推銷員挫敗了一下，但他也不是省油的燈。「找不到狀態更好的了。」他說，我知道很可能是真的。很可能這套書大多都是這樣的狀態，如此一來，他將我逼進了死角。不過呢，我還有最後一招可用，他絕不會喜歡，更別說他已經動手搬出一堆類似的書擺得滿桌都是。

我伸出一隻手擋住，不讓他繼續搬書出來。絕不能碰到他，那樣很不智。「我認為真正的問題是……」我思考該如何以正確的詞彙表達所有書籍買賣的金科玉律。我們盡可能不說出口，因為沒有人想聽見這句話。有些書即使再稀有、狀況再完美也毫無價值，其中最簡單的原因就是這個。這是非常主觀的理由，完全由店員決定，而且無從辯駁。「那個，」我對推銷員說，他的表情變得生硬，「我認為不會有人喜歡這些書。」

當天下午，我們收到一封又臭又長的抱怨信，來自推銷員。他用了一頁半的篇幅說明為何我們的服務讓他感到不滿，然後大費功夫信誓旦旦地說以後再也不會來了[10]。我原本有點擔心，但同事說惹火推銷員是成為店員必經的儀式，於是我就放心了。

---

37 譯註：十八世紀英國作家亨利．菲爾丁（Henry Fielding）的長篇小說作品，為第一本描述人與社會錯綜複雜關係的英文小說。芬妮是主角喬瑟夫青梅竹馬的未婚妻。

38 譯註：早期書籍會在文字印刷完成之後，另外插入以圖版印製的插圖。

39 作者註：我特別喜歡亨利．菲爾丁的這本書，不只因為它名列最早的英文小說（確實是），也不只是因為作者寫作這本書的用意完全是為了譏諷當代的其他作家（確實是），而是因為裡面有布比爵爺夫婦（Lord and Lady Booby）這樣的角色，版畫插圖通常把他們畫得很醜，也因為芬妮動不動就遭到綁架。早期版本的故事變得太過複雜，而且常常是盜版書，但每次看到這本書我都很高興。

40 作者註：當然會。

13 詹姆斯與巨型垃圾堆

垃圾這種東西平常不會想到，直到狀況逼得你不得不去想。請在心中倒轉畫面一下，回到奧利佛焦急地捧著葫蘆瓜，滿懷內疚地思考該怎麼辦的那一段，也可以回到奧利佛惱火地拿著一疊沒用的學徒評鑑文件的那一段。可想而知，最合理的處理方法就是藏進垃圾桶，等候一切自然消失。然而，在莎樂倫事情沒有這麼簡單，這裡的垃圾桶功能並非清除廢棄物，而是一種全面性的物資重新分配系統。

一開始我之所以會察覺這個現象，是因為我想要丟掉一個故障的釘書機。詹姆斯打從心底討厭釘書機，因為只要書裡出現一個亂跑的釘書針，就可能造成各種奇怪的氧化現象。儘管如此，書店還是發給我一個，放在迷你辦公桌的迷你抽屜裡，而我很快就發現根本不能用。裡面的某個零件卡住了，導致釘書機不但無法發揮正常功用將兩張紙固定在一起，還會朝四面八方亂射釘書針。我以為這玩意會出現在我的辦公用品裡只是意外，因為我的前任在超小辦公桌的抽屜裡留下不少可疑玩意，包括：生鏽的拆信刀、看不出功用的象牙柄工具（直到現在還是不知道）、滿是灰塵的三點五吋磁碟片、一整盒縫紉用的彩色大頭針，其他還有很多怪東西。

我以唯一合理的方式處置：扔進垃圾桶。在這之前，我從來沒有思考過晚上垃圾都去了哪裡，但第二天早上我開始有理由感到好奇了，因為釘書機回到我的抽屜裡。一開始我還告訴自己一定是記錯了，然後再次將釘書機放進同樣的容器中，卻發現自己陷入宛如電影《今天暫時停止》[41]（*Groundhog Day*）的情節，無論我丟進垃圾桶多少次，第二天都會重新出現在我的辦公桌周圍。於是我拿去更遠的地方，扔進店裡幾個不同的垃圾桶中，希望只要距離夠遠，釘書機就會找不到回家的路。可惜沒這麼幸運。無論使出怎樣的手段，釘書機依然像迴力鏢一樣每次都回來，怎樣也無法擺脫。

41 譯註：一九九三年的美國奇幻電影，憤世嫉俗的電視天氣預報員，在賓夕法尼亞州龐克瑟托尼報導一年一度的土撥鼠日活動時，陷入時間循環，每天都在重複二月二日的經歷，而且只有他知情。

丟不掉的東西不只釘書機而已。廢紙也會神奇地重新堆成一疊回到桌面上，小手冊與宣傳單趁沒人注意時躲進資料夾，線材與故障的科技產品溜到箱子裡，幾個月後才被意外發現。最終，我受夠了。我鼓起勇氣，儘管知道答案很可能並不愉快，但我還是決定要一探究竟。我去到樓梯下的小角落，依芙琳在這裡處理沒完沒了的數字與文件，讓書店能繼續經營下去。「我們有清潔工。」她委婉說明，彷彿這句話便足以解釋一切。這是我第一次聽說這件事，但這個答案讓我不禁納悶，店裡怎麼還會有那麼厚的灰塵，不過我決定先存起來等下次再問。依芙琳認為這件事就此了結，沒有進一步表示。此外，她指出樓上有位奇怪的女士威脅要唱歌，我有閒工夫煩惱釘書機的問題，不如快點去處理。

幾個月後，這個謎終於得到解答。一位特別固執的顧客害我很晚還不能下班，他進來時已經是打烊時間了（他硬是鑽進關到一半的鐵捲門）。他決定今天是黃道吉日，所以他要看最裡面那個書架最上層的所有書，而且一次只看一本。他說什麼也不肯移駕到接近書架的地方，要求我把書一本、一本拿給他。其他店員此時已經全部消失在夜色中，逃跑的途中不忘以眼神向我致歉。店裡除了我，只剩下詹姆斯。我知道他經常待到很晚，據說有時甚至三更半夜才回家。我為那位硬鑽先生來回搬運老舊的繪本（「真令人懷念！太完美了！」他激動地說，稍微冒出一點口水泡沫），同時發現詹姆斯在店裡走來走去。他的動作彷彿在進行莊嚴儀式。我悄悄開始觀察，他一一走向每張辦公桌，檢查垃圾桶，然後小心拿出裡面的東西，似乎在迅速清點。有些東西被特別拿出來，恭敬地放回店面各個地方，有些塞進縫隙，有些嚴謹地藏在看不見的地方。至少他多少還表現出一點羞愧，但這種難得一見的情緒不足以制止他的行為。

這整個過程讓我看到忘我，甚至把硬鑽先生拋在腦後，此刻他正沉浸在《調皮小松鼠》（*The Tale of Squirrel Nutkin*）[42]當中。詹姆斯逐漸整理出一些不值得挽救的垃圾，扔進黑色塑膠袋中，有如某種奇怪版本的聖誕妖怪坎卜斯（Krampus）[43]。然後他擺出嚴肅的神色，彷彿即將對那些垃圾執行死刑，接著將塑膠袋綁在他的腳踏車[44]上。

---

42 譯註：英國童書作家海倫．碧雅翠斯．波特（Helen Beatrix Potter）於一九〇三年初版的著作。

43 譯註：根據流傳在阿爾卑斯山地區的民間傳說，坎卜斯是聖尼古拉的隨從。在聖尼古拉節（十二月六日），聖尼古拉會給乖小孩禮物及糖果，而坎卜斯會處罰不乖的小孩。當坎卜斯發現特別不乖的小孩，會把他抓起來放進袋子裡，帶回洞穴當成大餐。

44 作者註：該如何形容詹姆斯的腳踏車呢？確實有兩個輪子，但我懷疑原本都不屬於這輛車。大致上，這輛車看起來像是所有零件都一一更換過，就像忒修斯之船那樣，最後完全不剩半個原始零件。齒輪與籃子上掛著許多長條塑膠片與紙張，有些鬆鬆黏著，有些緊緊糾纏，巧妙遮掩詹姆斯載的東西。（譯註：忒修斯之船亦稱忒修斯悖論。希臘作家普魯塔克提出了這個問題：如果忒修斯船上的木頭逐漸被替換，直到所有的木頭都不是原來的木頭，那這艘船還是原來的那艘船嗎？）

他以複雜的手法將袋子綁在後座，似乎終於滿意了，跨上腳踏車，嘎吱嘎吱消失在夜色中，嚴密看守那個犯下大罪的黑色塑膠袋。

第二天，我委婉地和幾位同事說起這件事，以為只要同儕暗暗施加壓力，或許有助於推動理性。這時我才赫然領悟到，原來大家多多少少已經知道這件事了，有些人認命接受，其他人則是在無意識中調整自己的習慣配合。

迪德羅與猝睡症

雖然詹姆斯在打烊之後會偷偷摸摸做奇怪的事，但白天他的精神很好。工作 陣子之後，我察覺到莎樂倫很久沒有雇用過學徒（至少不是正式職位），且已經沒有人記得多久了。我之前的那幾個人都是正職員工，他們充滿雄心壯志，是三姑六婆會稱之為「有出息」的那種人，但是他們也都很快就另謀高就了。其中有些人已經在古書與珍本書行業有過相關經驗，其他人更是要學歷有學歷、要證照有證照，我相信一定有助於讓他們找到更好的出路。相較之下，學徒這個職位讓我處於食物鏈的最底層[45]。我沒有學

45 作者註：在我之前顧前臺的那些人全都以自己的方式出人頭地，有人發明了新的神奇科技，有些人跳槽去其他書店成為正職員工。一般而言，大家都會以莎樂倫書店作為跳板，飛向更高更遠的地方。

歷、沒有抱負。我只有自己、一個不可靠的捲尺，加上同事認為適合傳授的知識。我很感謝他們，每個人都將培訓我的工作視為己任——他們說既然養小孩需要全村合力，那麼，培訓儲備員工也需要整家店合力。既然這是整家店的使命，詹姆斯當然也不落人後，他經常幫我找事做，讓我不會閒閒發呆。通常那些事都是他一直想做卻無法（或不願意）一個人做的事，我明顯感受到，他應該一直很期待去做那些事，只是因為沒人陪所以才一直沒動手，很快我就晉升為他的同夥，雖然單純只是出於便利。

整理一套迪德羅百科全書時，我開始察覺不對勁。幾年前，莎樂倫成功取得一套迪德羅（Denis Diderot）於一七五一到一七七二年間編撰的《百科全書》（*Encyclopédie*）。那是啟蒙時代樂觀主義下產生的大部頭作品，整整十七集，每一本都非常厚重，一般人會想要探究的所有知識，裡面全都有。很可惜，莎樂倫取得這套書的時候，其中有幾本已經飽受光陰、潮濕與夜間生物的摧殘，因此他們決定分批處理，將版畫插圖與內頁拆出來做成選集。一些縫紉、一些龍蝦，加上一點眼鏡。這些選集收進大量資料夾中，每一個都塞滿了從不同集中取下的內頁，以特定的順序存放，並且由我的前任不厭其煩地仔細編目（我發現那個人對細節非常執著）。我成為學徒幾個月之後，奉命重新檢查紀錄，確認一切都沒有問題。這份工作很簡單，但很耗時。為了能夠靜心工作，我帶著資料躲進編目室，開始一一翻查。

現在呢，我要坦承一個小問題。進入莎樂倫之前，我並非模範員工。前幾家公司對我的評價都是愛打瞌睡、心不在焉，不然就是無法迅速掌握工作狀況[46]。因為狀況太嚴重，上一份工作我不得不迅速辭職，以免遭到開除——這樣的經歷非常不愉快，我很不想再重溫。我一直以為是因為之前的工作步調太快，所以我才一直覺得疲倦，想必其他人也有同樣的困擾。然而，當我找到可能是全世界最不累人的工作，睡意卻依然一波波來襲，這時我才驚覺可能是我有問題。

只是坐著翻閱書頁，這樣的工作怎麼看也不可能這麼快就讓我耗盡體力。隨著時間過去，我開始感受到過去害我丟掉工作的熟悉症狀——突然恍神、在座位上打瞌睡、像無頭雞一樣走路撞上牆。一般而言，進公司一滿三個月，我就會被上司叫去訓誡，要我停止熬夜，認真看待工作的責任。我會解釋說我根本沒有社交生活，晚上都在睡覺，但

46 作者註：我曾經在一家法律事務所擔任儲備人員，雖然我很快就離職了，但當時犯下的錯，到現在依然令我感到愧疚。我將一份重要文件放錯地方了，後來那件案子一路打到高等法院，在法庭上，所有人同時驚覺其實是因為行政錯誤才會搞出這起官司。我犯下的行政錯誤。

一點用也沒有。接下來還會被訓說我不夠努力，然後是正式申誡，最後我會被扔進黑暗中，再也不讓他們心煩，而我始終搞不懂，究竟為什麼趕不上其他同事。

最慘的是，只要閱讀超過一定時間，我就會直接進入夢鄉，這種狀況太常發生，但是在莎樂倫上班，閱讀是工作的一部分。一天好幾次，我會突然在辦公桌前驚醒，心中深深感到尷尬。就這樣過了一段時間，類似的狀況持續發生，卻沒有人說什麼。有一次我去參加拍賣會，結果半途睡著，連手裡拿著的東西都掉了。但我依然沒有被叫去罵。

一整年的時間，我一直處在良心不安的狀態中，在活力十足與突然無力之間輪迴，依然沒有人表示任何意見。之前的工作，不到一個星期就會有人發現我有這種毛病，等到公司可以合法解約的時候，我就會被開除。現在我的座位距離店長只有兩公尺，但安德魯似乎認為我上班睡覺這件事與他無關，至少他不覺得有嚴重到需要特別提出的程度。我經常好奇為什麼，或許是因為莎樂倫大部分的員工都有自己的健康問題，大家可以用自己認為合適的方式處理，同事也會顧及病患的尊嚴[47]。

後來醫生診斷出我有猝睡症（Narcolepsy），開了藥幫助我保持清醒，但即使安德魯察覺到我的狀況有所變化，他也一句話都沒說。現在回想起來，大概是因為我們書店本來就會讓人想睡，所以掩蓋了我的問題，讓我有時間去處理。即使在藥物幫助下，我依然比一般人動作慢，慢吞吞地在工作中漂流。

我花了足足兩週的時間，才將迪德羅百科全書的插圖分門別類整理好，根據前任留下的資料對照檢查，我從來沒見過這位「麥克」，但他做出非常詳盡的編目描述。此時我察覺到，書店不會質疑我完成工作的時間太長。我花了那麼多時間，一定是因為我需要那麼多時間，不會有人覺得奇怪。我一輩子都過得很辛苦，人們認定我懶惰或故意摸魚，我在莎樂倫卻得到了絕對信任，而且我甚至不必開口要求。這樣的信任比一千幅迪德羅百科全書插圖更有價值。

---

47 作者註：例如說，安德魯年輕時因為搬一大箱特洛勒普的書而傷到腰，所以經常會為了治療而在上班時間消失。（譯註：安東尼・特洛勒普〔Anthony Trollope〕，英國維多利亞時代長篇小說作家。）

生化實驗

那個人挾著一個大箱子走進來。他選了一天當中最不好的時間，中午剛過，大家都很沒精神，因此由不知疲倦的詹姆斯過去招呼，設法盡快讓他離開。他們在陰暗處聊了一下，然後我被叫過去。我乖乖過去，但是提高警覺——之前詹姆斯找到一座老舊的邱吉爾胸像，沒想到裡面住著一窩會咬人的昆蟲，害得大家都得立刻逃到店外，我還沒忘記那次的教訓。

那位訪客帶來一本真皮裝幀的薄書要賣給書店，據說是傳家寶。翻開之後，我們發現那是一本泛黃的《量罪記》（*Measure for Measure*）。一六二三年印刷，是從人稱「第一對開本」（First Folio）的莎士比亞全集中取出的，那本書非常稀有，是大約二十部莎士比亞劇作的唯一可靠來源。當時只印刷了七百五十本，目前已經發現的只有兩百多本，全部屬於私人或機構蒐藏。即使是珍本書店員，也很難看到如此稀有、貴重的書——這種書大多已經被人找到、買下，而且永遠不可能放手。即使這只是其中取出的一部分，依然令我們讚嘆不已，彷彿有嬰兒出現在店裡[48]。

不難想像，要買下這樣的書，店裡必須花一大筆錢，後續工作也不輕鬆。這本書真的非常稀有，莎樂倫甚至曾經將其中一頁做成牆面裝飾高價賣出。書的主人將書留在店裡讓我們鑑定，然後就去忙自己的事了，心中想必認定很快就會拿到數字相當大的支票。回到店裡，我們照慣例圍著書進行初步鑑定（只是這次特別小心），確認是否有缺頁、明顯變色、不正常的印刷手法、任何可能證明偽造的蛛絲馬跡。研究到一半，詹姆斯突然眼睛發亮，匆忙回座位找東西。不久之後他回來了，手中拿著一個小手電筒，他說那是紫外線燈。啟動之後，他進一步解釋說，用紫外線可以看出紙張是否經過物理或化學性質的整修。我正好看著書名頁，紫色燈光揭露恐怖的故事。冰冷的真實之光照出真相，任何人都能一眼看出來，這本書不但經過各種罪孽污染，而且有些紙張明顯經過

48 作者註：事實上，如果真的有嬰兒出現在店裡，得到的絕不會是讚嘆，而是尖酸刻薄的勸告，要家長快點狠下心教小傢伙閱讀。

整修。紫外線下可以清楚看出不同紙張融合的痕跡，一般用肉眼絕對無法發現。詹姆斯悄悄關上紫外線手電筒，從此再也沒有提起過這個東西，但最後我們還是買下那本書（既然那些損傷必須用發光魔杖才能看出，詹姆斯也就不放在心上了），編目時特別註明此書曾進行過「修復」。

蓋爾格經常會來我的座位旁邊，雙手捧著一個古怪的東西，然後問：「這個東西有哪裡不尋常？」通常我都想不出正確答案。我會拿來觀察一段時間，假裝認為有一絲機率能猜到答案，最後大方承認失敗。蓋爾格有觀察細節的特殊天分，經常能立刻指出其他人不會發現的異樣之處。每個星期他都會特地過來，給我看深奧難懂的東西，他會像拉手風琴那樣展開巨大的地圖，或是指出肉眼難辨的偽造痕跡，多虧他透過梯形稜鏡檢查，才能發現那個非常模糊的像素方格。

儘管他給了很多機會，但至今我依然無法正確回答他的突襲大挑戰，不過，即使每次都錯也依然值得，因為他的解釋令我獲益良多。老實說，珍本書買賣是古董或藝術交易的醜八怪拖油瓶，我們的書架上擺滿許許多多有趣又神奇的物品，但除非我們特別介紹，否則顧客根本不會發現。

一大早，也就是十一點五十五分，蕾貝卡（她負責我們的當代初版與文學部門，個性非常勤勞，喜歡追根究底，以古書店員而言非常奇特）發出備忘錄，以非常有禮貌的方式問大家某本書是否依然有毒。事情的始末是這樣的，之前蓋爾格發現他的庫存書籍當中有一部分被殺蟲劑污染，毒性不算弱，而其中一本從某個偏僻的角落跑到書架上，也因此登上銷售目錄。那本書原本銷售的地點氣候潮濕，一位天才想出這個充滿理想卻又極度短視的方法對付蛀書蟲，導致只有戴手套才能碰那本書。編目描述中確實提到了裝幀有毒的這件事，並放在最後一行，語氣彷彿只是在說天氣不太好。事實上，在處理這本書時，要到最後才會看到那句話，萬一沒有先看完整篇描述就碰那本書，結果可能會十分不幸。平常我應該只會把這件事歸類為「別人的問題」，但我忍不住一直想像自己中毒倒在樓梯底，枯骨依然緊抱著有毒的書，因此，我以謹慎的措辭發了一封電子郵件，層層上報之後，決定要清查是否還有更多有毒書籍[49]。清查還沒完成，我們已經找到了七本，其中六本取出隔離，最後一本不知去向。

---

49 作者註：誠摯勸告，珍惜生命，如果看到布質封面綠到刺眼的維多利亞時代書籍，請務必遠離，因為那個鬼東西是用砷染色的，也就是砒霜，絕對會讓人死得很慘。

天平的另一頭，不只是有毒的書需要特別小心，也要留意違法的書籍。蓋爾格有如古代騎士一般視死如歸，相較之下，詹姆斯就顯得異想天開，他特別喜歡教我書籍買賣當中規避法律制裁的方法，並且從中得到詭異的樂趣。我印象最深刻的一次，是他拿了一本祈禱書來給我看，封面是恐怖的死白色，感覺很像骨頭。他保證說只是賽璐珞，但最後以誇張的動作對我眨眨一隻眼，似乎這是內行的笑話，但我不懂。過了很久以後，我發現某些圈子習慣將假象牙稱為賽璐珞（或是「法國象牙」、「人造象牙」），因為法律嚴格禁止交易任何以象牙裝幀的書籍，因此只要提到象牙就會被視為品味惡劣，更可能會造成書本遭到海關沒收，因為海關無法分辨真假。直到今天，依然有人在提起「賽璐珞」裝幀時會擺出意有所指的表情。同樣地，雖然裝幀的材料非常多樣化，有些甚至令人發毛，但我們盡可能不說出來。據我所知，蕾貝卡稍微懂一點人皮書的相關知識[50]，人皮書就是以人類皮膚裝幀的書籍，但莎樂倫絕不會經手這種東西。並非所有書籍都能上架。出口報關要怎麼寫？人類遺骸，略有色斑？

奇書呀奇書

珍本書交易有許多不成文的規定，其中一項是：當你越是用心服務顧客，時間久了，那位顧客就越會故意找你麻煩。那個水手就是這樣，那天他拖著一個看起來很可疑的大扁箱進書店。他的身材矮小結實，眼神憂鬱（相當有海上男兒的味道），每次都不正眼看人，而是直勾勾望著你的身後。他小心翼翼走進店裡，與其他店員擦身而過，他們察覺到這個人絕對很麻煩，於是紛紛走避。

有些看似無足輕重的決定會為人生帶來永久性的改變，這次就是。我決定去看他有什麼事，最好是我沒有能力處理的事（這樣我就可以回去看我的書了）。他皮笑肉不笑

50 作者註：我保證，只是純粹學術知識。

地開始拿出一堆書，堅決的態度全然不容爭辯。他一邊拿書，一邊滔滔不絕長篇大論，拚命宣揚這些古版書[51]有多意義非凡、不可或缺、驚天動地。我試著以客氣的方式打斷他，四次之後他才終於停止拿書，開始說明他的來意。幸好他想賣的那些絕對不是古版書，就算拒絕我也不會挨罵，於是我溫和地婉拒，希望能盡快讓他離開書店，不要繼續煩我。他再次用令人膽寒的眼神瞪我，顯然除非他自己願意走，否則休想趕他走。儘管我鑑定之後告訴他這些書「不適合本店」，但他展現出令人景仰的信念，認定只要瞭解他的苦難人生之後[52]，我一定會改變心意。

一樓店面突然一個店員也沒有，我孤立無援，被迫忍受又臭又長（雖然我不得不承認很有趣）的人生故事，他將自己描述為忠誠的海軍，從遙遠的前線回國上岸，為了退休後能過舒服的日子，因此變賣旅途中得到的寶物。那時候的我還在修行途中，距離理想中的神之店員很遙遠，所以沒有辦法為了脫身而粗魯趕人，於是只好乖乖聽他講完。然後他終於願意離開，大聲稱讚書店比心理醫生更有用，激動發誓一定還會再來。

幾個月過去了，我開始認為那次的遭遇只是我的幻想。結果證明是我太樂觀。

那個水手又來了，這次拖著巨大行李箱。裡面裝著各種與大海有關的工具，例如羅盤和一堆濕答答的貝殼。「別擔心，」他大聲說，再次停在我的座位前，「小子，我不會害你。」我原本並不擔心，但他一說我就開始擔心了，現在更是擔心個不停。非常不可思議，一段時間不見，水手的人設變得更誇張，現在甚至戴著眼罩。上次是我自願招呼他，但這次我完全成為情緒勒索的肉票。他秀出他的寶物，沒戴眼罩的那隻眼睛閃耀希望火花，我已經知道自己太軟弱，無法狠下心澆熄。他拿出一本又一本書，全都是我不能收購的東西。沒有封面，探討腸道蠕動的書？不行。破爛的狄更斯小說？恐怕沒辦法。他的行李箱最底下，有個東西閃耀金色光芒，他終於拿了出來，彷彿特地將好東西留到最後[53]。我絕望地注視那本書，因為我還沒做好心理準備，無法承受下一波戰爭故事，這時我突然冒出一個念頭：如果我願意買書，說不定他很快就會離開。就當作是獻給海神的祭品，祈求垂憐。

他將最後那本書交給我，保證說他的大副一頁頁確認過，什麼都沒少。他接著說，

---

51 譯註：也稱為「搖籃版」，指歐洲活字印刷術發明之後至一五〇〇年的早期印刷時代書籍、小冊子等各種印刷品。

52 作者註：這一招相當常見，他們藉此讓店員情緒耗竭，最後拿錢打發他們。這招之所以歷久不衰，是因為真的有效。

53 作者註：書店和藏書家都喜歡金光閃閃的封面。《薩伏伊酒店雞尾酒全書》（*The Savoy Cocktail Book*）之所以搶手，除了是裝飾風藝術的經典傑作之外，也因為燙銀不手軟。滿滿燙金的古董書絕對能點燃大多數古書店員內心的貪婪烈焰。

他的很多朋友與熟人都仔細檢查過這本書，所以絕對不會有問題。很快我就明白原因了，因為隨手一翻，就看到裡面五花八門的色情照片。

收到色情書籍對莎樂倫而言並非新鮮事。事實上，在這個行業很常見，可以說經手非專業書籍的店家存貨中都有幾本，他們會放在書架上層、密封櫥櫃，也可能放在玻璃櫃裡，但從不清掉玻璃上的灰塵。這些書不時會出現在莎樂倫，可能是屬於大批藏書的一部分，也可能本身就很有價值。久而久之也就見怪不怪了，因為人類漫長的歷史中，製作粗俗書籍這件事從不曾停止，更重要的是，其中有些非常值錢。在這裡分享一個經驗法則，如果你想找有裸體人類的書，同時也是書店希望你找到的書，那麼搜尋關鍵字「情色」。如果你要找的是書店企圖巧妙藏起來的東西，那麼搜尋關鍵字「奇書」。如果你真的非常深入珍本書世界，就會發現很多地方根本沒有特別標註這類書籍，因為書店認為沒有必要特別提起，也有的書店會歸類在「藝術」。情色與藝術之間的界線，這個話題早就是炒冷飯了，只有藝廊或高等學術機構或許還有一點興趣探討，但是在書本交易業似乎完全由個人觀點決定。老實說，如果你打算徜徉珍本書世界，就會發現書店其實不會分那麼細，現代作家認為是十八禁的內容，在珍本書商眼中，和其他內容沒有太大的差別。在莎樂倫的書架上可以看到《柳林中的風聲》[54]（*Wind in the Willows*）旁邊放著十八世紀傳奇風流寡婦凡恩子爵夫人（Viscountess Vane）的傳記，她號稱擁有一百個情人。北齋[55]的春宮圖與風景畫掛在一起。我認為珍本書店並不在意商品是否屬於情色性質，也無意進行高來高去的探討，他們只在乎多快能把東西賣出去，這樣他們才能用那筆錢去買更多書，滿足內心的狂熱。

話雖如此，如果你在珍本書交易圈碰巧遇上風格過時或毫無意義的裝飾用情色作品，那麼，十之八九主角會是女性，而且往往比例很不正常、描繪詭異又不精確，這種圖是專門設計給男性欣賞的，他們不在意畫中的形象是否真實正確[56]。年輕無知的奧利佛在許多不該有這種圖的地方發現大量這種圖，因此，我自認非常瞭解這種嚴重扭曲變形的情色圖片。通常始作俑者都是熱血過頭的書商，但是他們對人體的描繪又太過自由

54 譯註：二十世紀初期英國作家肯尼斯・格拉姆（Kenneth Grahame）寫作的經典兒童文學作品。
55 譯註：日本江戶時代末期浮世繪大師。
56 作者註：大眾普遍有種奇怪的想法，認為所有從事珍本書交易的人都是直男，這種偏見有一次以非常無禮的方式呈現在我眼前。一位來自另一家書店而且不太熟的同行，他剛好太閒又沒有人際界線的概念，為了嘉獎我把一件事處理得很好，特地給我「獎賞」，跟我分享他私人收藏的圖片。那絕對是一種職場性騷擾，但最令我感到不愉快的，其實是他完全沒有想到說不定我喜歡另一種截然不同的情色作品。

放任，他們會在高級真皮封面上印一堆金色的乳房（我實在想不出正確的集合名詞是什麼，總之是一堆很有藝術風格的亂七八糟東西）。我要抗議，實在太不公平了，我從來沒有意外發現一堆燙金陽具。

水手拿出來的那本書，裡面全都是衣不蔽體的女性在鏡頭前擺姿勢，乍看之下似乎再平凡不過，然而往後看下去，就會發現模特兒擺的姿勢、拿的東西越來越瘋狂。法式女僕很快就變成伐木工人、西部牛仔、潛水頭盔，出現的道具也越來越奇怪，或許這本雜誌的讀者覺得很有情色意味，但我實在看不出來。當我看到模特兒開始用武器互相恐嚇，並且進行女女性愛，我已經下定決心，*我們一定要買這本書*。

我的熱忱一定感動了天地，因為這種書接二連三出現：鞭打性虐史、古董性感內衣目錄，以及其他各種香豔的書籍，每一本都立刻成交找到新主人。我在書店的這個階段從此被稱為「奧利佛的色色時期」，但我一點也不感到後悔。

17 大錢

我站在地鐵站月臺上，約好要見面的人遲到了。我雙手抱著一個大包裹，一路從莎樂倫扛到這個地下鬼地方。我和這位顧客從來沒有見過面，只透過電話和他的總管交涉，他的聲音很尖、話很少。這位不知名顧客訂購了幾本神秘學書籍，他要求用牛皮紙妥善包好，派人送去交貨地點。於是乎，我來了，站在髒兮兮的地鐵站月臺上，抱著一堆昂貴書籍，不斷左右張望，希望總管快點出現，否則我會因為手太痠而不得不把書放在地上。最近地鐵警察的配槍火力驚人，牛津圓環站的警察更是每次看到我都會跟緊緊，因為有一次我不小心大聲說出自己是做「交易」的，旁邊的警察剛好聽見，誤以為是毒品交易。我好不容易發現約好的人，他站在月臺盡頭昏暗的壁龕前，死命抓著厚大衣裹住全身，彷彿想藏什麼東西，他幾乎一言不發，收下書放進公事包。交易完成之後，我看看懷錶。指針停了，因為我有時會忘記上發條，但我很清楚下一場交易一定無法準時抵達了。

第一次收取大筆金錢時，我的心跳差點停止，那套紅色真皮裝幀的珍．奧斯汀小說要價好幾千英鎊。幾位顧客逛進店裡，想買禮物送人，在我的概念中，送禮只要隨便選一盆植物，簡單寫張卡片就夠了，不需要花上一整個月的薪水。我從小生長的環境不太富裕，現在的我卻整天都要負責買賣那麼多昂貴的書，全部加在一起的價格遠超過我有生之年能賺的錢，因此一開始我難免有點提心吊膽。用老舊刷卡機結帳好幾千英鎊，看似輕鬆，但其實壓力大到難以言喻，一想到我可能不小心打錯小數點，不管是往左或往右都很恐怖。到現在我依然會因此在深夜驚醒，得要抱著情緒支持書籍才能安心。

那些價格會讓人眼睛痛的商品都藏在秘密地點，不過，也有很多珍本書店會將價值四位數以上的書籍，放在靠近櫃臺的玻璃櫃裡，方便所有店員隨時監視。比莎樂倫更有錢的書店可以將昂貴書籍收藏在看不見的地方，這樣更安心，只有需要供顧客鑑賞時才會像變魔術一樣出現。至於其他書店，我們只能在採購時慎選物件，因為如果賣不出去，那本書就只是很貴又佔位子的一堆紙。畢竟唯有賣出去，那本書才有數千英鎊的價值。此外，珍本書店有種很奇特的現象：昂貴商品在店裡擺得越久就越難出售。顧客會記住那本書，而常識告訴我們，當顧客越常看到一件商品，就越會認定絕對有問題才賣不出去，不然就是根本沒人要。大家都說新車一上路就會開始貶值，而珍本書則是一上架就開始貶值。寫到這裡我突然領悟到，面對那些亂砍價、求打折的人，我們往往會認輸讓步，或許原因就在這裡：我們內心明白，即使少賺一點錢，也比賣不出去好，再珍貴的書放到最後，也只會變成華麗櫃子裡的累贅。

因此，當員工買進價格昂貴的書籍時，必須先做好計畫。從買進到賣出的每一步都必須想清楚。例如說，假設克里斯（科學書籍的負責人）買進現代解剖學之父維薩留斯（Vesalius）[57]關於骨骼的大部頭鉅著，他要做的不只是在四十八小時內飛去法國、從打扮華麗的西伯利亞富豪千金手中搶下那本書再回國，更要想辦法賣出去，否則那本進貨時要價九萬英鎊的書會隨著時間逐漸降低價值，最後只剩下購入價的一小部分。書的價值越高，賣出的壓力就越大，所以每次要買下高價書籍我都會非常掙扎——實在扛不

57 譯註：文藝復興時期荷蘭醫生、解剖學家。

起那麼沉重的期望。珍本書交易業變化無常，一點小事就能讓書賣不出去。

我們店裡就有一個殘酷案例，一本放了很多年的《皇家夜總會》（*Casino Royale*）[58]，原本我們打算以數萬英鎊的價格出售，從這裡就猜得出來購入時花了多少錢。絕對是讓人心跳停止的金額。這本書之所以如此高價，是因為有作者佛萊明親筆簽名，這本書本來就夠稀有了，簽名書更是難得一見。我們有文件可以證明來源，在這個領域很專業的同行也背書保證簽名是真的。想必不會有問題。問題是，經手價格驚人的書籍時，只要有一點八卦，就會以嚇死人的速度傳遍整個圈子。沒過多久便開始出現流言，有人說簽名是假的，突然間那本書就賣不出去了。書籍買賣非常講究信譽，八卦散播得太快，即使只是一點點疑慮，也足以讓原本排隊搶購的顧客縮手[59]。那本書只能坐冷板凳，暫時收起來，等謠言退去之後再設法出售。

牽涉大筆金錢時，狀況會變得怪誕詭異。當價格達到美術館等級時，就會發現顧客買書的重點並非為了擁有那本書。買書其實是為了彰顯地位。很長一段時間，莎樂倫擁有知名鳥類學家約翰·古爾德（John Gould）遺留的作品，十九世紀他過世之後由書店全部買下。大量珍貴的鳥類彩色版畫從一個地下室搬去另一個地下室，就這樣過了一百多年，直到有一天，店裡決定應該要設法出售[60]。然而，這批版畫的價格是天文數字，因此花了很多年的時間尋找買家。印象中，最後買下來的那個人立刻將畫捐給圖書館。那家圖書館似乎以那個人的名字為建築側翼命名，我認為這種作法有種分類學上的趣味。

身為資淺店員，我的眼光始終腳踏實地，就該這樣才對。雖然說身為賣書的店員，這樣似乎不太好，但至少我在店裡走動時不必心懷愧疚。我認為要成為卓越的書籍交易人員，需要賭徒的精神，但我寧可不要那麼成功，因為成功只會換來挑剔檢視。

---

58 譯註：英國作家伊恩・佛萊明（Ian Fleming）的處女作，於一九五三年出版，也是詹姆斯・龐德系列小說的開山之作。

59 作者註：試過簽名鑑定的人都知道，那簡直是不可能的任務。我們聯絡過好幾位簽名專家，但他們都明確說出無法百分之百確定，他們頂多只能盡力猜測，這樣實在無法讓顧客安心。

60 作者註：有一段時間，包裝部門的人用其中一部分充當桌子玩撲克牌。

18 莎樂倫的詛咒

所有深受敬重的古老書店都有根深蒂固的神秘與詛咒。莎樂倫的歷史可以追溯到一七六〇年代早期，莎樂倫家的祖先決定放棄藥劑師工作，買下一位退休書商的存貨，和一位名叫陶德（Todd）的合夥人一起開書店。書店在約克（York）[61]開張之後沒過多久，陶德與莎樂倫便發生嚴重衝突，他們爭執的原因並沒有流傳下來，但吵得非常激烈，以致於數百年後為公司寫傳記的作家依然能找到蛛絲馬跡[62]。那之後，因為莎樂倫家的後代惹上了不清不楚的麻煩，必須躲到遙遠的地方，於是在倫敦開了分店。

快轉一百年左右，莎樂倫家最後的繼承人亨利（Henry）走出書店時（至少故事這麼說），在皮卡迪利路被路面電車撞死。當時的新聞報導眾說紛紜：有些說他爛醉如泥，有些說撞到他的是汽車。儘管在細節上各說各話，但所有報導一致表示事故地點離書店不遠，也難怪他的靈魂還在書店徘徊。

以惡靈而言，亨利還算講理。據我們所知，至今他還沒有殺過人，沒有搞出瓦斯漏氣、沒有在洗手間鏡子上寫恐怖的句子。不，亨利是有禮貌的鬼，只是偶爾會亂使性子。因此，所有無從解釋的事件通通說是亨利做的就對了，例如明明沒有人在，書本卻自行從書架掉下來。我們不清楚究竟是什麼讓他不高興，導致上了鎖的櫃子打開、紙張到處亂飛，不過，從他刻意鬧事的頻率來看，他對我們所做的每個決定都很有意見。

樓梯上方掛著兩幅莎樂倫家族重要人物的肖像。同事告訴我，男的是湯瑪斯（Thomas）、女的是瑪麗亞（Maria），他們曾經一手掌握莎樂倫王朝，但如今只剩下蒙塵的回憶。湯瑪斯一臉調皮，瑪麗亞的表情好像受夠他了。以前他們原本待在地下室，離彼此遠遠的，但現在他們又回到一樓店面，高高在上地對所有經過的人品頭論足。我個人覺得他們比較喜歡在店面。無論他們認為現在的處境有多慘，肯定也不得不

61 譯註：位於英格蘭北約克郡的城市，歷史悠久。

62 作者註：想要瞭解莎樂倫公司完整的歷史，我推薦維克多．葛雷（Victor Gray）所寫的《Bookmen》，我必須說這本書稍嫌厚重，但絕對鉅細靡遺。

同意，書店是莎樂倫家族最好的紀念品，因為僅存的另外一個更糟糕：馬路對面教堂牆上一個相當可笑的小洗手臺，獻給他們的兒媳婦羅賽塔（Rosetta），鴿子很喜歡在那裡大便。

我相信，所有古書店遲早都會有一、兩個鬼。我記得有一家同業書店以前在伯克利廣場（Berkeley Square）有一棟房屋，裡面住著一個相當有名的鬼，他喜歡慘叫，也喜歡逼人發瘋。店裡有個殺人惡靈這件事實在太出名，到現在他們依然沒有擺脫。總而言之，我認為我們相當幸運，店裡的鬼十分安靜，偶爾做些反社會行為就滿足了——以前只要有人去用洗手間，他就會讓水管發出怪聲音整整一個小時，現在他放棄了這種惡作劇，所以更加安靜。

儘管亨利感覺像是好相處的房客，但都是因為他作祟（至少常識如此告訴我們），莎樂倫這麼多年來才會一直在財務上不順遂[63]，也是因為他，才會有那麼多受到詛咒的書跑來店裡。不過，最近幾年他的怨念似乎減輕了一些，我認為是因為我們將湯瑪斯夫婦的肖像從地下室搬上來，高掛在樓梯上方的大位，在那之後，店裡的財務狀況明顯改善許多。

莎樂倫常買到受詛咒書籍的傳統，最早是從《魯拜集》（*The Rubaiyat of Omar Khayyam*）開始的。這本書是「波斯天文詩人」奧瑪・開儼（Omar Khayyam）[64]的四句詩翻譯成英文之後集結而成。這本書出版的次數多到數都數不清——甚至有藏書家誇耀自己的圖書室裡只有不同版本的《魯拜集》。二十世紀初，莎樂倫（剛好發生了罕見又奇特的異狀，暫時不缺現金）決定要買下一本特別奢華的《魯拜集》，由天才裝幀師桑格斯基（Sangorski）與蘇克理夫（Sutcliffe）所製作，他們以善於修復寶石裝幀而聞名。據說莎樂倫書店告訴裝幀師「錢不是問題」，於是乎，有史以來最昂貴的書就此橫空出世。因為桑格斯基對傳說迷信一無所知，因此犯下嚴重的錯誤，他在封面與封底都使用了華麗的孔雀裝飾，一般認為孔雀會帶來厄運，因為羽毛有太多「邪眼」[65]。

這個設計讓莎樂倫書店吃盡苦頭，完全無法把那本書賣掉。事實上，因為實在太難賣，一九一一年，那本書被送往紐約降價求售，希望能找到買家。只可惜當書抵達紐約時，海關徵收重稅，莎樂倫拒絕支付（因為把現金全部投入寶石裝幀了）。因此，那本

63 作者註：公司裡的人經常拿這件事開玩笑，尤其是負責財務的人，他們說莎樂倫「從一七六一年開始，每年都說明年就會倒閉」。
64 譯註：西元九世紀初的波斯詩人、天文學家、數學家。
65 譯註：一些民間文化中存在的一種迷信力量，由他人的妒忌或厭惡而生，可帶來噩運或傷病。

書再次上船回倫敦，之後被拿去拍賣，價格非常慘……買家是美國人，名叫加百列·威爾斯（Gabriel Wells）[66]。這次那本書錯過了原本要載運的船，於是被託付給一艘進行首航的豪華輪船，鐵達尼號，至今依然長眠海底。慘劇還沒結束，那本書沉入海底之後幾個星期，桑格斯基也溺水喪生。失去合夥人之後，蘇克理夫重新製作那本書，成品收藏在非常牢靠的銀行金庫裡，在德國空襲時被炸成碎片。

這個故事的重點在於，那些將書本被詛咒斥為無稽之談的人，只是還沒有遇到過而已。

直到現今，莎樂倫經手受詛咒書籍的傳統依然不衰。例如說，最近安德魯購買慾大爆發，除了葫蘆瓜之外，他還買下一本非常美的書，屬於「高級裝幀」的類型，像穿上皮衣的磚塊，價值主要在裝幀工藝上。裝幀無比華麗，毫無必要的滿滿燙金裝飾多到快滴下來，這本《芬妮·希爾》（*Fanny Hill*）[67]奢侈至極，讓人不由自主投以目光。相信大家已經猜到了，這本書成為滯銷的累贅。安德魯花了很多時間找買家，我相信絕對遠超過他原本打算投入的時間。這本書一直待在書架上，到最後感覺有如厄運的符咒。

這本書非常顯眼，遠遠地就能一眼看到。不能把這本書和一般文學作品放在一起，因為無論多正經的陳列都會立刻變成馬戲團。如果單獨展示，又會吸引一堆好奇的人，就像飛蛾撲火那樣，這種狀況真的很不妙，因為書中的插圖一看就知道這是怎樣的故事。大部分拿起這本書的人應該都不知道內容是什麼，有些人拿起來一看才驚覺原來是那種書，立刻臉紅放回去。每個星期都會有好幾個人要求看那本書，如此一來我們就得尷尬站在旁邊，等候顧客在非自願的狀態下邂逅十八世紀英國情慾。我們將這本可惡的書列入每一份目錄，但反而讓我們顯得亟欲脫手，我們的內心也確實越來越焦急。購入之後過了一年，一位富裕的史矛革訂購了一堆文學作品，其中包括這本書，可惜後來又退回了，理由是這本書讓他非常不舒服。現在他已經過世了。後來又有一位顧客訂購，但是書還沒寄出去他就人間蒸發了，再也沒有聯絡過我們。第三位顧客訂購之後又退回，而且書脊還多了一道損傷，（可想而知）他宣稱完全不知情。

書店難免偶爾會遇到受詛咒的書籍，久了就習慣了。問題在於，我們再怎麼說都不會有人相信，而且很難向會計部門解釋，董事會一年一度財務審核時也無法讓他們理

---

66 譯註：二十世紀初期美國知名古書商。

67 譯註：十八世紀英國小說家約翰．克萊蘭德（John Cleland）的作品，原書名為《一個愉悅女人的回憶錄》（*Memoirs of a Woman of Pleasure*），被認為是史上第一個英文原創色情著作，也是第一個使用小說體裁的色情作品。

解，有些存貨真的不能賣，因為想買的顧客都會死於非命。

受詛咒書籍、書店怪客、消失的垃圾，在這樣的多重風暴夾攻之下，幾個月的時間倏忽而過。我忙到幾乎沒空領薪水，每天都過得很混亂：不熟悉的人們、黑暗中的怪聲音。下午的時間都用在瘋狂翻查古董書專業辭典，尋找優美的說法表明「一看就知道這本《咆哮山莊》（*Wuthering Heights*）[68]被狗啃過」。儘管如此，我也只能勇於面對。我告訴自己，儘管有那麼多考驗，至少書店本身非常可靠。這個想法令我安心，無論我的處境多困難，至少書店的四面牆牢牢站著，不會倒下來砸在我頭上。

可惜，我的想法往往是錯的，這次也不例外。

68 譯註：十九世紀英國作家艾蜜莉・勃朗特（Emily Brontë）的小說。

堅固的讀經臺，栩栩如生的雄鷹展翅雕刻，可能用作宗教或儀式用途（需加收額外運費）。

藝術與建築

介紹地區特色，包括薩克維爾街，但不限於此，
以及書店結構與最顯眼的亮點。

這是家位在古老建築中的古老書店，可想而知，書架下一定隱藏著許多見不得人的怪誕建築結構。藝術與建築部門幾年前便關閉了，但是整理書籍的工作從來沒有完成。書店建築會對人產生很大的影響，反之亦然，此中有很多值得探討之處。

19 改頭換面

倘若我讓各位以為莎樂倫是一個從來不會變的地方，彷彿凝結在光陰中，那麼是我誤導大家了。以這種方式看待書店令人心安：永遠不受時光摧殘，有如奇特的錨，牢牢固定在往昔。然而，事實上，拒絕改變的書店最後全部倒閉，無一例外，消失於歷史洪流中。書店最為人所知的困難就是財務不穩，往往撐不到一百年便被破產狂潮吞噬。莎樂倫從一七六一年存活至今，絕對名列世界歷史最悠久的書店，雖然是真的沒錯，但在許多方面其實不然，因為現代的莎樂倫早已不是剛開幕時的那家店。莎樂倫最早開幕時位於約克，後來遷往倫敦。之後又搬過好幾次家，有如瘋狂書店蟾蜍到處跳來跳去，最後才落腳薩克維爾街，這時的莎樂倫好比落水狗，不復當年的繁華盛況。我想表達的意思是，即使看似不變，但其實莎樂倫一直在變。即使是在薩克維爾街，部分樓層也不是我們想要就能用；憑我們的崇高地位，應該值得兩倍以上的空間，但也不是我們想要就會有。

因此，對於書店內部的人而言，「大改造」的到來一點也不意外。要瞭解莎樂倫今天的模樣，就不能不提「大改造」。熟悉毛蟲生態學的人應該會知道，為了變成蝴蝶，可憐小毛蟲必須將自己封閉起來，液化之後打造出全新的身體。我們也是如此。或許外人會感到比較驚訝，因為莎樂倫近幾十年來享受了一段相對穩定、繁榮的時期。對於書店的常客而言，在他們的記憶中，莎樂倫一直都在薩克維爾街，店面內部也總是猶如廣大的洞穴，雖然曾經有段時間嘗試過夾層樓，但是以失敗告終之後，也就從大家的記憶中淡去。

問題的源頭，要回溯到一九三〇年代剛搬來薩克維爾街的時候。大部分的書店都會做出明智的選擇，在能負擔的範圍買一棟房子，然而當時的店長石浩思先生（Stonehouse），決定租用薩克維爾街二到五號。他這麼做是出於善意，他八成想反正以後再考慮買下店面也不遲。到了二十一世紀，這個決定造成重大的影響，因為即使是薩克維爾街這種受詛咒的街道，房價依然驚人。因此，房東（巴不得從石頭裡擠出水來）決定要隨之提高租金。有沒有聽見禿鷹在頭頂盤旋的聲音呀？

總聽到大家抱怨租金高，所以你或許會誤以為這只是很常見的痛苦，然而，書店受一種獨特的困境所箝制。相較於其他生意，書店需要很大的店面才能營運，大到沒天理的面積，再加上書店是出了名的利潤低，如此一來就完美製造出「瀕臨崩潰邊緣的書店」。

我們很少談起那些「大人物」，他們是書店真正的業主，莎樂倫的董事與贊助人，有時候他們會在必要時出手指引書店正確的方向。亨利・莎樂倫意外過世之後（我覺得他這種行為非常不負責任，大家同意吧？），公司由一位富豪接手，他是書商、藏書家，後來也成為慈善家，他堅定地相信這個世界需要莎樂倫這樣的地方[1]。那之後又轉手好幾次，總是受到愛書人的溫柔呵護，支持書店存續，最後由現任的業主接手。數十年來，無論書市的變化有多波濤洶湧，他們始終堅定地庇護書店。我們很少見到他們本人，因為他們不插手經營，保持適當的距離，愛書的慈善家就是這麼體貼。

儘管「大人物」有很多規模與影響都更重大的事業，但他們仍不忘偶爾關心莎樂倫的狀況。我猜想，對於那些身處於繁忙嘈雜商業世界的人，能夠來書店稍事休息、喝一杯酒，或許是種愉快的放鬆。在這個時代，倫敦市中心店面的租金每年不斷調漲早已是常態，終於有一天，「大人物」決定要設法解決。建築物許多重要的地方都需要修繕，包括牆壁、地板、天花板。他們計畫要改善格局，隔出店面的一部分出租給其他小生意，藉此補貼租金。

第一次從遙遠的地平線隱隱傳來「大改造」的騷動之後，過了大約一年，我所熟悉的蒙塵灰暗書店變成戰場。牆壁被敲開，書架搬進搬出，一箱箱書籍在倫敦繞圈徘徊，彷彿失去領袖的鳥兒。整個一樓店面被拆開重組，縮減面積以便出租一部分空間。編目室（我最愛的地方，那個遠離塵囂的隱密小天堂）被拆除之後變成展示藝廊，這對我而言是非常大的遺憾。但店裡也有些地方頑抗到底。地下室有兩個很醜的巨大金屬保險箱，用盡方法也無法搬動，最後只好留下來，成為藝廊臉上一個好笑的疣。

等到塵埃落定，我們和以前不一樣了。依然是莎樂倫書店，但不一樣了。有些地方

1 作者註：加百列．威爾斯的故事足以單獨寫成一本書，莎樂倫的網捕捉到不少在書籍相關業界舉足輕重的人物，他便是其中之一。一九二八年，莎樂倫幾乎破產，威爾斯出手拯救，買下這家店，基本上有點像買下一個黑洞，這個決定造成嚴重的傷害，後來他再也無法復原。

變小、有些地方變大。不知為何，那幾個永遠關不上的靈異書櫃依然在，所有怪異的家具也持續不懈地慢慢重新滲透店面。

下一張辦公桌會更好

改變會帶來契機。書店裝修的工程緩慢進行，書架一整天嘎嘎唉聲嘆氣，彷彿在抱怨不合理的待遇，許多奇特的家具也因為工程而重見天日。地下室冒出一個陶瓷小甕，造型有如蜂巢，從裡面滴出來的東西有著絕望的氣息。原本我們把這個甕放在書架上層，但坐在附近的員工委婉表達不適（加上顧客的好奇詢問），於是改為塞在桌子底下。店面後方出現兩個鐵盒，其中一個立刻被徵收作為文具盒[2]。不過呢，最棒的寶物絕對是一張大型寫字桌，桌面非常寬，是身在我這種處境的人（依然必須跨坐辦公，桌子小到應該當腳凳才對）會垂涎覬覦的那種桌子。相形之下，我現在的桌子簡直像鎮

2 作者註：另一個到今天依然無法打開。拿起來搖一搖，裡面會發出東西碰撞的聲音。

紙。店面的陳設漸漸固定下來，我開始旁敲側擊詢問能不能要那張大桌子，我認為這是因果輪迴的補償，畢竟我被困在撒旦發明的超小辦公桌上那麼久。沒想到我一開口，安德魯立刻同意（自從翻修之後，他越來越常惆悵地望著遠方發呆），我小心翼翼排練了很久才提出請求，但他幾乎沒有多看一眼就批准了。那張大桌子放在靠近門口的地方，我的報復心難得發作，費了一番功夫讓那張迷你桌子徹底消失，以後它再也無法折磨無辜的人。

我喜孜孜地弄來一個大螢幕，放任自己將所有寶物攤在桌面上。在書籍買賣這一行待得夠久，自然會累積起一堆符合自己興趣的參考書籍（通常是從圖書館和同行手中「借」來的），很適合用來裝飾辦公桌。現在有了大桌子，我終於可以擺出柯理（Curry）的著作《科幻與奇幻作者大全》（*Science Fiction and Fantasy Authors*），然後在角落放上蓋斯凱爾（Gaskell）所寫的《新初級目錄學》（*New Introduction to Bibliography*），還有很多個抽屜可以藏那些我連想都不願意想的東西。

我坐在新辦公桌後面享受人生，翹腳享受勝利的溫暖，隨手翻閱一本相當珍貴的十八世紀年鑑，這時我身後的門打開了。理所當然，我不予理會。我很忙，要清點那些貴族家紋，無論來的人是誰，想必不會有什麼急事，等我慢慢欣賞完遼闊的新領土之後再說。之前我已經提到過了，那些掌握書店命運的「大人物」很少會親自造訪書店——他們全都是大忙人——看來我大概是太自滿了。對方非常有禮貌地輕咳一聲，我立刻嚇得從座位上跳起來，手忙腳亂地急著想站好，反而搞得慌慌張張很丟臉。

雖然說書店不會太重視路人的看法，但是來自於「大人物」的意見，就算只是小事也會產生重大影響。我聽見他隨口批評了一下那張大桌子（太大、方向不對，真特別），瞬間造成我惡寒哆嗦，彷彿有人踏過我的墳墓。

第二天我來上班時，發現那張美麗寬敞的大桌子要被撤掉了。後來我才知道，不只是撤掉而已，而是徹底摧毀。安德魯歉疚的程度差不多就像是（例如）忘記幫人拉住門，而不是下令讓人失去夢想時該有的感覺。我奉命收拾東西，然後那張桌子就要被拖去鋸成粉，以免「大人物」下次上門時又看見。我以沉重又有些怨恨的態度收拾好書籍，因為沒有地方可放，只好先堆在牆角——一個小小的祭壇，我的驅逐紀念碑。那張桌子實在太大，不可能毫無反抗就被拖走，一路發出尖叫、哀鳴[3]。

3 作者註：一般而言我不會記仇，但有些事我永遠不會忘記。

讀者啊，我沒有哭。我只能眼睜睜看著桌子被拖去遠處依然在施工的地方，當電鋸的聲音響起，我轉頭不看。大家一致認同，那麼好的桌子被鋸成木柴實在太可惜，問題是我們不知道該如何處置。放在店裡真的沒用，對吧？

過了一陣子才拍板決定，既然大桌子已成往事，看來需要幫我找個放東西的地方。我們去地下室尋寶，找到一張古董洗臉臺，只要在桌腳底下墊幾個水桶，應該能讓我坐進去。這張桌子比一開始的那張更小，我的位子也被換到門後面的角落。狀況比之前更糟，我用盡了意志力才沒有立刻遞辭呈，去比較有前途的產業發光發熱，例如充當汽車防撞測試假人[4]。

那時候，我因為桌子的悲劇而傷心過度，無暇關注同事的動向，然而書店的改變不只發生在建築上。塵埃落定之後，安德魯彷彿一陣清煙消失，去距離不遠的另一家書店工作，聽說他在那裡發展得很不錯，而且不用被逼著聽財務報表的事。我猜不出他離職的理由（我也不會亂猜），只能擅自認定是因為監督莎樂倫這樣的書店進行翻修讓他累壞了，所以想換個平靜的環境。但我非常感激他，他願意賭一把雇用我，很難過他決定離開。

他走了以後，書店需要新店長。克里斯取代安德魯，從自然史部門主管晉升為店長，率領莎樂倫書店浴火重生。

4 作者註：為什麼我沒有辭職？大概是因為我不想走出舒適圈，這種危險的狀態會抹去所有失望。

檔案之謎

莎樂倫的網站不久之前才改版，舊版根本是早期電腦技術的偉大遺跡，使用時幾乎可以在腦海深處聽見巴貝其（Babbage）[5]的鬼魂發出喀喀聲響。網購書籍的程序有如拜占庭帝國[6]的遺緒，因為功能太差，所以訂書之後都要等上好幾天，必須有人去檢查網站，訂單才會被發現並且回覆（如果心情好）。舊網站成為書店從顧客手中賺錢的巨大障礙，要運氣夠好銷量才會達到兩位數。在我看來，竟然有人能成功完成訂購，表示我們書店的顧客堅毅又頑強。

由於那個廢物網站表現實在太差，莎樂倫以此作為證據，判定網路顯然不是賣書的好管道，因此不值得投資改善網站。這個自證預言屹立不搖超過二十年，網站從此打入冷宮，眼不見、心不煩[7]。

舊網站用了很大的篇幅提醒大家亨利．莎樂倫有限公司的歷史有多悠久。書店能從一七六一年存活至今是一件很不容易的事，因為書店很容易倒閉：債臺高築的書商、對各種物質上癮的代書、神秘憑空消失的老闆。網站上說莎樂倫是「世界最古老的書店」，這種說法幾乎（但不完全）正確。說到打造莎樂倫崇高又古老的形象，詹姆斯絕對有源源不絕的創意，他經常說一些不可思議的神奇故事，全都只有他一個人親眼目睹。他有一系列莎樂倫軼事，並深深相信全都是真的，而且經常一再述說，態度如此真誠虔信，最終大家將這些故事內化，從不曾思考探究。伊夫林．沃（Evelyn Waugh）[8]真的曾經在書裡提到莎樂倫？當然，他信誓旦旦地說。不是沃德豪司（Pelham Grenville Wodehouse）[9]嗎？這兩位作家經常換來換去，端看詹姆斯的心情而定。莎

5 譯註：查爾斯．巴貝其（Charles Babbage），十九世紀英國數學家、發明家兼機械工程師。由於提出了差分機與分析機的設計概念，被視為電腦先驅。

6 譯註：也稱東羅馬帝國，西元三三〇年建國，一四五三年滅亡，首都為君士坦丁堡。

7 作者註：這讓詹姆斯非常高興，因為他與電腦之間的關係比冷戰更冷。

8 譯註：二十世紀英國小說家，公認是二十世紀英語寫作風格派大師。

9 譯註：二十世紀英國幽默小說家，擅長上流貴族的荒誕故事。

樂倫真的曾經得到皇家認證（Royal Warrant）[10]？沒錯，絕對不假。可惜後來弄丟了，取消了，因為意外而毀損了。對詹姆斯而言，歷史證據有如陳年美酒，他總是宣稱酒窖裡存放著一瓶，要等夠特殊的場合才會開來喝，但無論多特殊的場合似乎都不夠特殊。「世界最古老書店」這個頭銜更是他不遺餘力捍衛的目標——我們不時會收到秘魯一家書店的委婉恫嚇，認為這個頭銜應該屬於他們，將我們擅自誇耀的行為看作針對他們的侮辱。儘管細節上或許有些存疑，但是莎樂倫確實籠罩著神秘與傳奇，唯有真正傳承深厚的機構才會被這些故事環繞。正因為如此，網站上對莎樂倫歷史的花式歌頌，吸引了一個特殊族群。

可想而知，我們招來了一大堆學者，有如蒼蠅圍繞著學術糞堆。那些學者或許立意良善，但許多古書店對他們懷有根深蒂固的恐懼。這些熱衷於研究並且擁有許多學位的人，滿懷鉅細靡遺的勤奮好奇，但書店最怕的就是這種人，希望他們離店裡的書籍越遠越好，最好不要接近書店，更不可能讓他們接觸帳目。或許是因為詹姆斯舌燦蓮花地歌頌讚揚對書店的信仰，也可能是因為莎樂倫的標籤與目錄遍布全英國，勤勉的學者經常會找上門來，等不及想問一大堆問題。幾乎每天我們都會收到主題是「請求協助研究」的電子郵件、接到緊張兮兮的電話聯絡，甚至還有寫著莊重抬頭的紙本信件，全部都想要詢問（客氣程度不一）莎樂倫的歷史紀錄，宣稱他們二十年的刻苦研究只差這個關鍵。「請問貴公司是否存有一八七一年莎樂倫製作的天堂鳥目錄？」或者，「我正研究子虛烏有先生的生平，我確信他在一九〇一年曾經光顧貴店，請問當時的購買紀錄是否依然留存？」大學院校的學期當中，這類請求出現的速度與頻率遠超過真正的書籍訂單，登門的學者比顧客還多，為了妥善回答他們的詢問，書店往往得動用好幾名全職員工努力搜尋資料。身為地位最低的學徒，有一段時間我嘗試回應那些詢問，但後來我漸漸明白，那些郵件之所以交給我，並非因為大家希望我去處理，而是因為只要交給我，他們就可以不用煩惱了。最後我終於確信，最重要的是工作已經交給了別人，如果運氣好，從此可以不必再想起。有一次，我滿懷歉疚地向安德魯坦承無法完成幾天前他親自交給我的一項研究要求，我永遠不會忘記當時他的表情。他一頭霧水，似乎想不通為什麼只因為他把一件事交給我，我就要做出犧牲自我、累得半死的崇高努力，煞費苦心設法完成。

10 譯註：英國王室內地位較高的成員頒授之稱號，為皇室成員提供商品及服務的公司和商人，可憑此作為宣傳。

當我們不小心做出錯誤的選擇，投入精力研究那些請求，毫無例外，我們往往找不到他們想要的答案。他們的問題通常都牽涉到早已消失在時光迷霧中的資料，不然就是遺忘已久的寶藏，最後一次由莎樂倫店員經手已經是幾十年前的事了。來回通訊可以持續幾個星期。時間越久，研究學者就越來越狂熱，直到接近沸騰。最後，他們終於說出一直想提卻沒有勇氣開口的要求：可以看一下你們的檔案庫嗎？這個問題往往伴隨著湧起的希望、壓抑的恐懼，以及偷偷的自滿，彷彿這記絕招一出，我們只能認輸[11]。

在莎樂倫大家其實都知道，檔案資料早就沒了。不是忘記手機放在哪裡，或是皮包不見的那種狀況。而是像亞特蘭提斯或巴比倫空中花園那樣[12]，真正消失了。詹姆斯總是一口咬定說資料「在戰爭時燒毀了」。

然而，由於莎樂倫即將歡慶開業二百五十週年，這件事再次浮上檯面。一方面是作為紀念，另一方面也是因為這件事吵得大家都煩了，於是安德魯請來一位非常有決心的學者進行歷史研究，他名叫維克多．葛雷（Victor Gray），接下書寫公司歷史的工作。為了完成這本書，他整理出一個比較小的檔案，蒐羅他所能找到所有與莎樂倫書店相關的文件。他走遍全國、不分遠近，翻找圖書館資料、地方政府檔案，找出所有與公司歷史相關的蛛絲馬跡，一一整理裝箱、細心標註，辛勤的態度令人動容。離開之前，他歸納出一個小目錄，仔細列出這個嶄新資料庫的順序。任務圓滿達成之後，他收工回家，想必開心慶祝這次工作非常成功。

讀者啊，這套檔案又被我們弄不見了。

沒有人知道究竟是怎麼發生的。我只知道一件事：幾年後，為了尋找之前亂塞的迷你印刷機，我打開一個黑漆漆的櫃子，在裡面發現那個檔案庫的目錄。出於好奇（也因為身為學徒的我收到排山倒海的協助研究請求，但我根本沒有資料可查），我問店長新的檔案庫在哪裡，結果沒有人知道。有人含糊猜測說可能被送去伯明罕（Birmingham）的地下儲藏室了，問題是我們書店在伯明罕根本沒有通路，也沒有員工住在那裡，真的很難想像怎麼會有人大費周章特地把資料移去那裡。

11 作者註：我猜想，那些能夠追查到莎樂倫的學者應該都是很有能力的人物，他們認定莎樂倫是地位崇高的組織，檔案肯定井然有序、記錄慎重，絕不可能亂扔亂放。他們的樂觀態度真是令人耳目一新。

12 譯註：亞特蘭提斯是傳說中擁有高度文明發展的古老大陸之名，最早的描述出現於古希臘哲學家柏拉圖的著作《對話錄》，書中說該地在公元前一萬年左右被大洪水所毀滅。巴比倫空中花園是古代七大奇蹟之一，也是唯一至今仍未找出正確位置的一個。

22 預防措施

西裝男團突然出現在店裡，而且不是從大門進來的。他們像蛇一樣從地下室滑行上來，拉扯吊帶的動作充滿惡意。這次一共來了三個人，比平常多一個，還是一樣完美無瑕的帥氣打扮。他們先是在靠近政治書籍的地方流連一下，然後像九頭蛇般的分頭進擊，詢問那個每次都一樣的問題：店裡有沒有愛茵．蘭德的書。我帶他們去到正確的書架前，指出符合他們要求的書籍，他們站在一旁搖晃擺動，有如狂風中的樹木。並輪流把書捧在手中，微笑露出整排太過潔白的牙齒，「很好。」他們說，一個接著一個。「真的非常好。」然後，他們問了一個從來沒問過的問題。「萬一書因為時間產生損壞該怎麼辦？」他們說。這本書一定要保持完美無瑕。他們必須知道我們如何將書本保持在這麼好的狀態。

剛踏上藏書旅程的人經常會問該如何照顧書籍。大多數的新手藏書家很可能一輩子沒有花過這麼多錢買書，可以清楚看出他們內心的問題浮上表面。如何停止光陰的腳步？如何減緩無法避免的損壞？他們認定我們掌握了他們不知道的訣竅，只有圈內人才能得知的專業機密，可以讓書籍永保完美。他們才剛踏上囤積之路，現在就戳破他們的幻想似乎有點沒禮貌，於是我們通常都會討論遮光的重要——因為無論史矛革或德古拉都一致同意，絕對要避免陽光直射。因為窗戶幾乎全都被高高的書架遮住了，所以在店裡很難判斷外面的天氣如何。即使在「大改造」過後，我們依然用幾個高聳的書架擋住比較大的窗戶，盡可能降低從特定角度照進來的自然光。在陽光特別強烈的日子，霧霾散開，頭頂的陽光無情直射，常會看到莎樂倫的員工站在店外的街道上，拿著一根十英尺長杆，（在路人眼中）彷彿陷入與建築外牆的苦戰。從遠處看來，這是一場單方面的角力，那個倒楣的人不斷用長杆盡頭的勾子戳刺牆壁。很難不看見他，因為他複雜的舞步堵住了那一側的人行道，強迫行人從另一邊繞路，而且他還不斷陰沉地喃喃自語。

這項任務是出自於對陽光的恐懼而發展出的習俗，相較於其他人，詹姆斯特別喜歡。每天只要太陽一出現在天空中，他就會探頭察看窗外，稍有一絲可惡的陽光曬到櫥窗展示的書籍上，他立刻會展開行動。他會突然變得異常靈活，小跑步奔向店面的黑暗角落，那裡有好幾支帶鉤子的長杆，然後拿起一支，大步走出店門。

書店正面的遮棚設計非常巧妙，尤其是在折磨人這方面，不用的時候可以完全收進磚牆裡隱形。將遮棚藏在牆壁裡，只有用非常奇怪的工具才能拉出來，顯然最初設計的建築師認為，這種作法有難以言喻的優點、超乎想像的好處，只是其他人都看不出來。想要拉出遮棚，首先必須以輕柔的動作將鉤子套入一個非常小的洞，然後以堅定溫和的動作往後退（雖然薩克維爾街上很少有車輛出沒，但依然有被撞上的危險），直到大遮棚完全伸展出來，保護書本不受陽光直射。

很可惜，設計這個天才裝置的人忽略了幾個問題。首先，拉出的過程中，桿子很容易戳到路人，不只是一頭而已，有時兩頭都會戳到。第二，當遮棚完全展開，固定遮棚的支架偏低，任何身高超過六英尺（一百八十三公分）的路人都會慘遭咽喉暴擊，嚴重的時候，輕微腦震盪的高大路人會堆積成山[13]。

我剛開始當學徒的時候，遮棚上有很多醜醜的洞，完全喪失遮雨的功能。「大改造」期間換過一次，但很快我們就發現不如不修。天氣不好的時候很多人會來躲雨，擠在店門外大聲講手機。我從這件事學到一個深刻的教訓：東西壞了千萬別修。

雖然說詹姆斯熱愛施展莎樂倫的奧秘法術，但拉出遮棚並非單純為了滿足他（不過這毫無疑問是部分原因）。珍本書像人一樣，幾乎都是以脆弱的有機材料製成。人連續曬太陽幾個小時會曬傷；書本被陽光直射太久會劣化。舉例來說，翻修之前，書店後方開了兩個大天窗，用意是想讓店面遠處能有自然照明。從我上班的第一天，那兩道天窗就被詹姆斯用拼湊的牛皮紙遮住，他很清楚，在古書店開天窗，無異於慢性毒殺。書店正面的櫥窗現在貼上了防護膜阻隔輻射，書架排列也經過特殊考量，盡可能不在白天被陽光直射。有些書比較容易受陽光傷害，尤其要特別留意以下兩種：

一、紅色／紫色。這兩種顏色的書千萬不能曬到太陽，因為即使只是曬到一點點，也會導致染料變成很醜的粉紅或棕色。紫色出了名的容易變成棕色，甚至成為歷久不衰的笑料。有時候一個不小心就會將顏色標註為棕色，完全沒發現其實原本是紫色

13 作者註：我猜想，他們會因此成為意見比較多的顧客。

——變色之後的棕色真的很有說服力。

二、犢皮。傳統上是以小牛的皮革製成，有獨特的蠟白色調。犢皮裝幀非常昂貴，如此一來更是悲傷，因為這種質料對溫度變化非常敏感。如果將犢皮裝幀的書籍放在陽光下，很快就會像死掉的蜘蛛一樣縮起來，一旦變成那樣，就不可能恢復原狀，頂多只能用書芯夾緊器夾住，擺上幾個月，希望能發生奇蹟[14]。

只要能讓書遠離光線就成功了一半，但是把心愛的書一直藏在地窖的黑暗箱子裡，永遠不能拿出來欣賞，這樣實在太空虛了。人們終究難以抵抗內心的誘惑，忍不住拿出來展示，於是又有更多珍本書悽慘犧牲。

我這番陽光恐懼症的發言說到這裡，西裝男團霸氣揮手打斷。他們交頭接耳商討一番之後又回來。不可能這麼簡單，他們堅持。保存書籍一定有秘密絕招吧？快告訴我們，他們異口同聲說。我覺得壓力很大，不得不妥協，於是小心翼翼地承認書油可能也有幫助。

我們稱之為「書油」，因為供應商有如人面獅身像，死守著真正的成分不肯透露。我們手中只有一個人的電話號碼與姓名縮寫，記載在破破爛爛的電話簿當中，安德魯藏在他桌上一堆亂七八糟的文件裡[15]。書油送來店裡時，裝在毫無特色的棕色厚玻璃瓶中，我們辛勤地貼上「書油」標籤，以及努力猜出來的有效成分。這玩意有種維多利亞時代鴉片酊的感覺，想必非常適合古早的莎樂倫書店。這種油非常烈，嗅一下便足以讓馬昏倒，而且整個下午走進店裡的人都會因為間接影響，而呈現亢奮狀態。

理論上，這種油是用來保養皮革。只有詹姆斯一個人知道如何使用才能安全又有效，他通常會建議只要用一點點，倒在準備丟棄的破布或抹布上。正確使用能夠讓褪色的真皮裝幀重獲生機，有如傳說中的青春之泉。「多不如少。」他會用威脅的語氣說。要是用太少，就會沒有作用，只是白白讓自己暴露在未經管制的致命氣體中。要是用太多，整本書會泡在黏答答的液體裡，得花上好幾年才會乾。老實說，即使用量正確，也要讓書本靜置一、兩天吸收，然後才能放回書架上，而且還無法保證在過程中，油不會

14 作者註：詹姆斯堅持把他手中所有犢皮書籍藏在地下室員工廚房後方的隱密櫥櫃裡。他不時會下樓去察看，彷彿期待那些書在清涼黑暗的環境中會開始增生。

15 作者註：那本電話簿曾經短暫由我保管，但我研究了半天只得到一個結論：我們保留的聯絡資料實在太簡陋。

對書本造成極其怪異的變化。萬一發生，莎樂倫不接受退貨。

我們已經好幾年沒有賣過書油了，因為負責這一區的郵差晚上來書店的時候剛好提起，法律禁止透過郵政系統寄送會自行爆炸的物品。經過一番激烈討論之後，剩下的最後幾瓶被收進倉庫，之後也不再進貨。很有意思，沮喪的顧客不斷打電話來要求買書油，其中許多人會異常熱衷於討論保存書本的重要性。我們提供了替代方案（從比較可靠的來源取得），那種東西類似蠟，開瓶時不會有讓人飄飄然的效果，不知為何，新產品並沒有在顧客中引起相同的依賴。

倘若上述兩種保存方法都無法達成滿意的效果，那麼最後還有一招。之前提到過，藝廊裡有兩個巨大的保險箱，在蓋房子的時候就放進去了，徹底固定在磚牆上，完全無法移動，我們要求裝修工人搬走，他們捧腹大笑。兩個保險箱都有轉盤與複雜的鎖，在數位犯罪的年代反而最推薦這種保險箱，因為已經沒有人學過如何破解了。沒有人會破解真的很可惜，因為其中一個從二〇一八年就打不開，萬一哪天需要用到裡面的東西就慘了。當一本書必須遠離任何可能造成傷害的狀況，就只能藏在黑暗處，和其他書本一起關在金屬監獄裡。雖然這麼做無法逆轉歲月，但已經是最好的方法了。

當我說出這件事，人們往往會問，他們是否也應該採取類似的措施，而我則反問他們：你買書的目的是什麼？如果是為了以任何方式從中得到喜悅，那麼就不要，我不建議把書關在沒有光的地窖裡，永遠不翻開，因為書本是一種藝術，而創作藝術的目的，就是為了讓人欣賞。時間不可能停止，書本最終也將如同所有血肉之軀一樣走向死亡，無從避免。即使把書藏起來，再也不讓人欣賞，書本依然會像世上的萬物一樣歸於塵土。書店會盡可能保護書籍，直到交給下一個主人。書不可能永垂不朽，人只能採取合理的預防措施。讓書遠離火源。不要把書扔進積水。不要忘記享受書帶來的喜悅。

23

芳鄰

薩克維爾街有種異世界的氣氛。不是淘氣小精靈或閃亮獨角獸的那種奇幻美妙，而是矗立在窮鄉僻壤的詭異石塚，父母會警告小孩不要接近那種陰森森的地方，或是由牙齒串成的傳家項鍊。

亨利．莎樂倫有限公司在一九三〇年代遷入薩克維爾街二至五號，原本所在的店面因為建築老舊必須拆除，因此書店只好搬家。當時這條街正在進行大規模開發，建造起一座名為薩克維爾樓的喬治王風格建築，廣告宣稱薩克維爾街即將全面都更，這棟樓房是邁向繁榮的第一步，莎樂倫有幸成為新樓房的第一個房客。這是一次壯舉，因為必須將所有書（以及書櫃）從皮卡迪利路的舊店面搬去位在安靜小巷的新店面，從那之後，書店便一直安居到現在。當然啦，事實證明廣告只是吹牛，這條街的其他部分從來沒有都更，以致於莎樂倫孤伶伶矗立在這條被時光遺忘的街道上。薩克維爾街導致許多店家羽毛未豐便慘澹收場，例如那家倒楣的薩克維爾餐廳，從開幕到倒閉只經過短短一個月。可想而知，以我們的觀點來看，那只是一眨眼的時間，實在很可惜，在那麼多盤子上印商標應該花了不少錢。

很難記住有哪些鄰居：我們四周的人與店家不斷搬進搬出。倫敦的很多小街道建築風格混雜，這裡也不例外，偶爾也會突然冒出前衛藝術品，有如初出茅廬企業家腦中孕育出的雅典娜女神[16]，嚴重先天不良。舉例說明，幾年前，有人決定弄出紙板做的巨大雙腿，從一棟房子的窗戶往外伸出。這個作品想必要傳達藝術觀點，探討腿的本質（也可能是房屋的本質），但即使觀賞再久，也看不出個所以然。時間久了，倫敦幾乎不會停的毛毛雨逐漸侵蝕，那雙腿慢慢變形，成為蹲踞在廢棄自行車架上的O型腿怪物。那個藝術裝置最終還是被拆掉了，執行的工人神情疲憊、身穿白色連身工作服，每次只要有沉浸式藝術品死去，他就會來收屍。

---

16 譯註：希臘神話中的智慧女神和戰爭女神，由宙斯的腦部誕生。

第二近的鄰居在莎樂倫樓上的夾層，那裡有幾間辦公室。書店幾十年前就不再用那個樓層，那之後有許多公司進駐。我們很少見到樓上的人，只有幾次我們一口氣翻開太多滿是灰塵的書（時常發生），導致整棟樓共用的火災警報器啟動。因為建築非常老舊——也有一點奇怪——所以逃生通道直接穿過樓上的辦公室，也因此（必須逃生時）我們會隨時從樓下跑上他們的辦公室，有如從深海竄出的北海巨妖（Kraken）[17]。我不確定他們是否知道這件事，所以我一直在等待完美的時機說出來嚇死他們。

放膽走出門外，街道上有一個書報攤，無論時間過了多久、租金漲得多高、天氣變得多濕，永遠屹立不搖。每隔一、兩年員工就會整批換一次，呼應某種未知的自然因素，有一點像鮭魚迴游。每次有新員工就職，一定會送上小禮物來和我們聯絡感情，雖然他們用意良善，但往往讓我們很頭大。這一批員工認定我們需要空紙箱，於是經常送來好幾疊，扔在門口堆成山，有如貓咪把蝙蝠刁回家當禮物。我們參不透他們的想法，而且即使我們一再誠心誠意解釋，也無法阻止他們繼續送來，於是我們只好選擇合乎禮儀的作法，任由紙箱將我們淹死。

另一邊則是一家名為「梅莫聯合公司」（Meyer and Mortimer）的店家，這個名字會讓人誤以為是葬儀社，但其實這家店在訂製服裝與閃亮鈕釦的世界裡相當有名。我從來沒看過任何人進去，也從來沒看過任何人出來。有一次我送包裹過去，但是沒有闖過嚴厲守門員那一關，他揮舞著裁布料用的大剪刀，嚴肅陰森的態度有如劊子手。珍本書店與裁縫店之間有一種奇特的共生關係，仔細觀察就會發現，這兩種生意往往會出現在相同的商業生態環境中，但我們很少交談。我猜想，在他們眼中，我們外套袖子上的手肘補丁違反了自然定律，而我們沒錢買新西裝。儘管如此，買昂貴珍本書的人通常也會買三件式西裝，因此這兩種店家繞著彼此轉圈，有如步伐一致的雙人舞，但命運註定兩者永遠無法接觸[18]。

彷彿店家宛如啟示錄災難一般紛紛死亡還不夠，薩克維爾街真正的要害是沒辦法開車進來，這條街是倫敦市中心古老單行道系統的犧牲者，直到最近才改善。所有地圖都說開車前往薩克維爾街必須花上足足三十分鐘，經過無數蜿蜒巷弄與狹窄轉角，因此沒有計程車司機會不小心開進薩克維爾街。地區議會最近一次「活化」這條街的偉大計

17 譯註：北歐神話中游離於挪威和冰島近海的海怪，外型類似巨大章魚或烏賊，生活在海洋深處，但是經常浮上水面捕食。

18 作者註：寫這一章的同時，我發現梅莫聯合公司要搬家了，害我相當傷心，不過聽說那個店面可能會開葡萄酒吧，我的心情又好起來了。我相信以後還會有裁縫店進駐這條街，但這家是屬於我們的。

畫，改變了行車方向。理論上，這種作法會讓薩克維爾街比較容易進入，但實施之後過了一年，車輛似乎變成隨心所欲愛往哪個方向開，造成道路經常堵塞、車輛亂停、計程車不斷瞎繞圈。

為了應付不斷調漲的房租，「大改造」之後我們被迫出租店面的一部分，想像一下，來申請的店家都是什麼貨色。在「大改造」期間，店面隔出了一部分，期望能誘騙可憐人掏出大筆金錢租下，如此一來，書店就能夠維持和之前差不多的營運方式。我們放出消息尋找口袋夠深、而且不瞭解當地傳說的租客，在許多候選人當中，最後終於敲定了第一隻肥羊，一家賣沙拉的餐廳，名叫「生機成分」（Vital Ingredient）[19]。莎樂倫店員花了好幾個月的時間通知顧客，店面有一部分即將變成沙拉吧，但那家公司認真研究過店面之後，立刻消失在夜色中。後來又發生過幾次類似的災難，幾家服飾店、快閃葡萄酒吧、各種潮店，然而這些店家都一樣，還沒進門就響起傷心失望的背景配樂，然後從此消失。

原因很可能與分租店面的內部環境有關。書店慢慢進行整理、翻修，終於重新有了書店的樣子，但我們打算分租的那部分，卻像魚一樣被掏出內臟等死。書架（與地板）

都被拆除，天花板垂下許多感覺很危險的電線，而且完全沒有室內廁所。基本上，我們企圖出租破爛鬼屋。莎樂倫的員工還雪上加霜，隔出分租店面之後的那幾個月，大家慢慢將他們不要的怪東西偷搬過去，那裡逐漸變成廢棄物王國，堆滿老舊家具、奇怪古董、可疑黑垃圾袋，還有一個超大的壓克力立書架，沒有人願意承認是自己的東西。

尋找分租房客的艱鉅任務持續了幾個月，這段期間不停有人裝傻跑來問我們「隔壁店面怎麼了」，他們明明知道那裡根本是個廢墟恐怖秀。終於，上帝似乎親自垂憐，終於有家日本復古服飾公司租下那個店面，店名叫做「The Real McCoys」，他們士氣高昂地入駐，將店內恐怖的狀態視為挑戰而不是缺陷。他們緊鑼密鼓進行大規模裝潢特技，將那個店面改造得美輪美奐（莎樂倫贊助了幾個舊書櫃），聽說他們的生意很不錯。我相信莎樂倫先生在天之靈應該感到十分滿意，不只是因為他穿皮夾克會很好看。

19 譯註：英國知名連鎖餐廳，販售客製化沙拉與湯品。

24 賊與捉賊

那個嗶嗶聲持續了將近半小時，我終於鼓起勇氣打破沉默。那個聲音來自門邊，悶悶的刺耳聲響，所有人都假裝沒聽見。我擔心會不會是自己耳朵有問題，不然就是早該發生的精神崩潰終於找上我了，於是我悄悄走向詹姆斯，問他這樣正常嗎？我知道不正常，但我想不出要怎麼問才不會顯得太奇怪，因為顯然所有人都能聽見。別的不說，西裝男團清楚表現出不快，他們在經濟學書籍前面待了一整個上午，此刻以大動作東張西望，彷彿被人抓到做壞事。詹姆斯正埋首研究幾疊八卦小報，他抬起頭來，濃眉糾結，怒瞪門的方向，彷彿突然發現一直騷擾他的東西是什麼。他放下報紙，猶如混戰中的劍士放下武器，他去到門口，找到兩個老舊的塑膠磁扣，用來防盜的那種東西。接著隨便一踢，嗶嗶聲逐漸停止，變成憂傷怨嘆，然後徹底消失。

走進倫敦的任何一家古書店，一定會看到許多書架裝著玻璃門，上鎖不讓人碰裡面的東西。莎樂倫一樓店面也是如此，所有書櫃都上鎖，理論上，要請店員開鎖才能拿出裡面的書籍。在書店內部，這一直是長期爭論的問題，一些員工認為，將書架上鎖會讓想欣賞書籍的人無法取得，另一批人會說：「難道你希望這家店變成賊窟？」

珍本書店很不適合作為竊賊下手的目標，原因很多，但最重要的一個是這個業界實在太小。如果你成功偷走極為稀有、難得一見的書籍，還沒跑出幾步，方圓一百英里的所有珍本書店都已經知道這件事了。店家只要簡單發個電子郵件給地區書業協會，然後四面八方的所有協會都會收到郵件，警告有特定書籍失竊。古書店不會存放太多高價書籍，大部分的老闆出於個人財務考量，睡覺之前一定會清點。謹慎的竊賊必須把書藏很久，才能勉強銷贓。

一般而言，職業竊盜會鎖定圖書館和研究機構，這些地方藏書眾多，而且人員工作量太大，可能要過幾個星期、甚至幾個月才會發現藏書失竊，這時竊賊早已大賺一筆，消失在迷霧中。

儘管如此，依然有不少伺機而動的賊會在書店流連等待機會，希望能偷個可以迅速變現的東西。詹姆斯在樓梯上方的小桌子上釘了幾張模糊的照片（店裡老舊監視器拍到的畫面），實用的程度和玻璃做的榔頭差不多。他說這些人都是在這一帶出沒的偷書賊，之前被他抓到企圖在店裡偷東西。我沒有和他們起衝突，他強調，但他們在店裡走到哪，我就跟到哪。他示範給我看，該如何站在最好的監視位置，能夠一直緊盯對方雙手的動靜，同時表面上一派無辜地假裝只是在整理書本，這可是一門藝術。

最主要的監視目標就是「稻草人」，他經常來店裡碰運氣，詹姆斯將這個賊當成他個人的死敵。通常他出現之前，我們都會先收到書業協會的通知，從以前到現在，只要有人看到稻草人在這一區出現，便會立刻謹慎地通知所有會員。他總是穿著長大衣悄悄溜進店裡，然後貓捉老鼠的遊戲就此展開。如果瞇起眼睛看那些模糊的監視器圖片，在特定角度下，裡面的人全都很像他，但他最大的特徵是眼睛，凹陷非常深，大部分的時候都藏在陰影中。有時他會戴很大的帽子或長圍巾，但只要稻草人一踏進店門，詹姆斯的第六感便會立刻啟動，有時甚至能夠預知——一看就知道他覺得不對勁，因為他歪頭站著，彷彿嗅到什麼惡臭[20]。

既然稻草人那種妖魔鬼怪會在每條暗巷現身，當然必須重視保全。莎樂倫歷經幾度整修，每個過度狂熱的室內設計師都巴不得丟光所有東西，但還是有幾個書櫃獲救，現在放在店門附近，這些書櫃的玻璃門全都有鎖。事實上，所有玻璃門都有鎖，大部分是特別訂製的，而且製造的公司都已經不存在了。

就職的第一個星期，同事帶我認識環境，給我看兩組用來打開書櫃的鑰匙。這兩組鑰匙感覺不太完整，各自有一些可以打開書櫃門。兩個鑰匙圈完全不一樣，每組有大約五十把鑰匙，大部分從來沒用到過，但也沒有人敢丟掉（以防萬一哪天要用到）。除此之外，莎樂倫的所有辦公桌抽屜裡都有一小堆五花八門的鑰匙，理論上可以打開店裡的各種箱子、小門、鎖頭。有些鑰匙上做了標示，但其實有和沒有一樣。標籤上可能寫著「林奈書櫃」，因為那個書櫃是從林奈學會[21]（Linnaean Society）買來的，彷彿光憑這個資訊就能分辨出是哪個書櫃。有時會有員工用心良苦，特地將重要的鑰匙從鑰匙圈

---

20 作者註：聽說稻草人後來進監獄蹲了一段時間，但最近幾年又有人看到他在街頭出沒，而且頻率逐漸增加。現在他幾乎像是我們這一行的邪惡吉祥物或厄運邪靈，有如死神或人馬海怪。（譯註：人馬海怪〔nuckelavee〕是源自北歐的傳說，在蘇格蘭北部島嶼廣為流傳。在海中的形象不明，但是在陸地作祟時會化身為馬形，背上有個像騎士的人體，但只有上半身。據說會造成農作物枯萎、牲畜死亡。）

21 譯註：林奈是瑞典博物學家，以其為名的林奈學會位於倫敦，研究生物分類學。

取下（因為太多類似的鑰匙串在一起，會分不出哪些重要），藏在與其他鑰匙完全分開的地方。結果就是，有些書櫃到現在還是無法打開，要放書進去就必須打開相連的書櫃，從側邊或後方的洞塞進去。

我相信每個書商都會開發出屬於自己的護書招數，包括上鎖的書櫃、將貴重書籍存放在家中，也可以永遠不離開崗位，就連吃飯也要在看得見書架的地方。我成為員工之前，莎樂倫曾經短暫採用過電子磁扣系統，只要有人偷書，一經過店門就會發出警報。不過呢，我後來發現一整箱沒用過的磁扣，證明了要把每本書都裝上磁扣實在太麻煩。我個人開發出一套策略，稱之為「藏樹於林」，精髓就是將我放在辦公桌上的書混雜在一堆堆參考書籍中，這一招是基於以下兩個推論：一、一般竊賊看不出哪些書很貴、哪些書是垃圾。二、店裡明明到處都是上鎖的書櫃，聰明的罪犯一定以為值錢的書都收在裡面，不會有人傻到隨便放在沒上鎖的辦公桌抽屜裡。即使在書店上班這麼久了，對於不熟悉的書籍，我依然無法一眼看出價值，而扒手想從我眼皮子底下偷走東西一定要動作夠快，這麼短的時間，他們不可能分辨出哪些書值錢。

我十分確信，就是因為這樣，所以店裡消失的書籍才會毫無規律可言，從價格與大小都看不出特定模式。如果很顯眼的書架上有一本書消失了，並且沒有人能合理解釋書的下落，那麼，我們便會認為是失竊了[22]。

22 作者註：雖然這種猜測經常是對的，但也經常是錯的，有時候過了幾年的時間才會發現，消失的書原來在其他部門的書架上。然而，認定是失竊，我們就不必再去尋找，只要慢慢等書自己回來就好。

25 讀經臺效應

多年來，無數萬分瘋狂、超佔空間的奇怪玩意冒充商品蒙混進莎樂倫書店，而其中榮獲「礙事之王」寶座的，絕對是那個讀經臺。那是座歌德風的木造工藝品，高度大約一到兩英尺，佔據的空間不大，剛好足以讓活力四射的牧師跳上去，讓信眾對自己人生中的各種選擇感到罪惡。放置聖經的臺面（這樣才能空出手來比畫手勢）被雕刻成巨大的鷹。後來我才得知，老鷹經常出現在教堂，作為一種簡單粗暴又令人迷惑的隱喻，象徵天國的利爪會隨著揮舞的翅膀從天而降、帶來死亡。不過呢，一走進書店眼前就出現上帝的憤怒，似乎只會嚇到人。

讀經臺送來的時候大家都嚇了一跳，因為安德魯前一段時間去歐洲參加拍賣會時買下，但後來徹底忘光了。買進這種東西最好先保密，等貨送來之後再去向會計部報告。安德魯說，當時他覺得買下這個讀經臺是個好主意，然而，等到貨運公司橫跨歐洲、大費周章將東西送來薩克維爾街時，他們說什麼也不肯再送回去，因此買下來究竟是不是好主意，也就無關緊要了。讀經臺被放在店門旁，之所以這麼決定，主要是因為實在太重了。

這座讀經臺非常頑強，怎樣都賣不出去，不只是因為標價卡經常失蹤，而且放在一堆箱子下面沒人看得見，也因為大部分的顧客不會開起重機來逛書店。剛開始的時候造成不少小麻煩，像老祖宗那樣的常客不肯改變在店裡行走的路線，他們不會繞過，只會一次又一次撞上去，像掃地機器人一樣。不過呢，過了幾個月之後，讀經臺成為書店融合的犧牲品。

融合的過程展開時非常輕柔，肉眼幾乎無法察覺。你只是搬著一個箱子要去店面另一頭，自顧自忙著，這時突然發生另一件事必須處理，於是你放下箱子。你很急，而所有桌面上都擺滿了書。應該不會怎樣吧？你心裡想，暫時把這個箱子放在那個理論上要出售的昂貴讀經臺上，反正一下下而已，不會有人發現啦。於是你離開，去拯救今天被書芯夾緊器夾到拇指的人。幾天後，當你回去找箱子，卻發現作為商品的讀經臺已經不存在，變成了家具。整座讀經臺已經融入書店。

書店有如一座墳場，埋葬著許多無法融合成家具的東西。裝修期間，我們找到放在鐘形罩底下的大衛，之前一直被故障的馬車時鐘擋住，詹姆斯每個星期都要拿榔頭去「修理」那個鐘。鐘形罩上的污垢太厚，因此與背景融為一體，不過，拿下來簡單擦拭一番之後，我們發現裡面有一隻貓頭鷹標本。是我不好，不該請克里斯為牠命名，我原本以為他會想個獨特的名字，像是亞洛伊修斯之類的，結果貓頭鷹被命名為大衛，從此加入經營團隊，成為非正式書店吉祥物。

牠被裝在一株裝飾用的植物上，植物本身早已死去，留下的枯枝很像奇怪的蕨類。牠的羽毛夢幻潔白，不過克里斯（自然史相關的所有事找他就對了，他是駐店專家）進行一番鳥類學研究之後，發現大衛其實是西倉鴞（barn owl），是因為老了所以羽毛變白。沒有人知道大衛究竟是從哪裡來的，不過據說是一位身故已久的導演留下來交給我們保管。無論如何，現在牠是莎樂倫的固定班底了，一直擔任吉祥物的角色，即使克里斯不喜歡牠，總是趁沒人注意時企圖偷偷賣掉（從來沒成功）。我猜想，身為主管最沉重的負擔，絕對是必須學習忍受身邊時時有個死掉的工藝品，誰叫牠能提振士氣呢？

一走進莎樂倫書店，稍微小心觀察，就會看到門邊有兩尊半胸像放在一起。其中一個，詹姆斯向來宣稱是莎士比亞，但也可能只是一個留落腮鬍的路人大叔擺出一副詩人的架勢。另一個很明顯是詩人約翰・彌爾頓[23]（John Milton），主要是因為他那張臭臉太有特色。這兩座雕像原本是要賣的，不過我們無法證明第一個真的是莎士比亞，而第二個的表情又太不討喜，結果就是他們一直待在店裡，甚至發展出自己的特質。每年不同的時節，他們會被戴上各種帽子或面具。有時候彌爾頓實在太愛鬧脾氣，我就會拿他充當門擋。大部分的時候我不想讓他們分開，就好像兩隻動物一生都同住在一個畜欄裡，我覺得要是分開，他們可能會寂寞。

我猜想，所有東西只要在顯眼的地方藏得夠久，都可以成為書店的一部分。在每個櫥櫃裡、所有書架頂，都放著另一個曾經對某人很重要的紀念品，現在卻黯然成為背景的一部分。或許古老書店的魅力一部分就是來自這裡：沒有奇特寶物會被丟下。

23 譯註：十七世紀英國詩人，以史詩《失樂園》而聞名。

26 水難

薩克維爾街每天只有五、六個人經過，如果你是其中之一，而且沒有被開錯方向的迷惑計程車撞上，也沒有被莎樂倫的遮棚暴擊咽喉，那麼，你可能會發現街道盡頭的地面有點奇怪，踩在腳下的感覺不太對勁。乍看之下或許會以為是無心之過，莎樂倫前方的石板路面換成了水泥與厚玻璃方塊。因為累積了數十年的髒污，從上方看起來，這些方塊全都是灰色，路人頂多只會因為困惑而多看一眼。偶爾甚至有人會花時間刻意地用力踩踏。

地面下深處，透過幾個玻璃方塊透進來的光，照亮一條位在店面下方的地道。這個不尋常又不實用的設計，據說來自於一位納特先生（Mr. Knott），他是莎樂倫的前員工兼地窖工人，為了滿足色慾而在地道上方裝設玻璃。無論這個傳說的真實性如何，裝設玻璃的人真的很沒有建築概念，因為隨著時間過去，玻璃很快堆積了一層污垢，能透進地道的光變得非常微弱。沒有夠高的梯子，所以無法從地道上去清潔，換言之，在所有人的記憶中，玻璃一直是髒的。從下往上看，那些玻璃板給人一種受困地牢的感覺。

納特先生揮別紛擾人世之後，裝設玻璃板的初衷也漸漸被人遺忘。然而，有一件事無法改變：玻璃非常不適合作為倫敦街道的地面，即使是像薩克維爾街這種人跡罕至的街道也一樣。上方腳步踐踏、下方地鐵震動，玻璃板逐漸出現裂痕。

結果就是，每當下雨的時候，雨水就會滲透裂痕，滴落到書店地下室。在正常的狀態下，倫敦的小雨下下停停，只會造成輕微潮濕；然而，在冬季月份，那些無數的小細流沿著牆流向地面。水流幾乎每次都會順利找到電燈開關（電工來裝開關的時候八成是晴朗夏日），因此即使以莎樂倫的標準而言，地下室也格外陰暗。涓涓細流抵達地面之後匯聚往低處去，積在員工茶水間的附近。

為了解決這個問題，我們實行過兩個「解決方案」。只有兩個。

首先，書店向房東提出申訴，經過無數員工一層層慢慢往上送，最後抵達某個遙遠的辦公大樓，呈給一位面目不清的人物。以這種形式提出的申訴有如祈禱（經過一段等候期間，可能是三天，也可能是永遠），最終會召喚出一位感覺完全搞不清楚狀況的老人家，帶著一小條密封劑現身。他來的時候不會通知任何人，但我們會透過櫥窗看到他注視路面輕聲吹口哨，這是工人發現施工也沒什麼用時的標準反應。最後，當他察覺盯著路面太久會顯得很可疑時，就會嘆息一聲，動工用矽利康填補他能找到的裂縫。他一收工，倫敦地鐵的震動又會開始瓦解他的努力，幾天之後，玻璃又像之前一樣漏水。晚上睡不著時我不禁會想，既然從來沒有人確認過他的姓名，也沒有問過他到底是不是工人，搞不好他根本不是房東請來的，說不定其實是附近的住戶，只是再也無法忍受這種狀況，而且剛好有很多時間和矽利康。

另一個解決方案？水桶。詹姆斯熱愛囤積容器，只要一下雨，他就會搬出各式各樣的鍋碗瓢盆放在他知道會滴水的地方，我已經見怪不怪了。雨季裡，地下室障礙重重，到處都是半滿的水桶，必須不停閃過、繞過、跳過。

保持商品乾燥可說是這個行業的存亡關鍵，因此更令人覺得莎樂倫的東西太容易弄濕。我開始當學徒幾年之後，店面某處天花板裡，那片歪七扭八的夾層中，有條設計不良的排水管，因為被亂跑的廢棄物堵塞而滲漏造成積水。一開始沒有人發現，積水逐漸增加後發出惡臭，誰都找不到來源。終於有一天晚上，積水從後面的牆壁滲出，幾個書架的珍貴書籍全毀，地上也出現惡臭水窪。書櫃被搬開，這才發現整面牆都嚴重發霉了。如果從側邊看，形狀很像皺眉的臉。沒有了遮擋，惡臭變得更濃，整家店瀰漫死屍的臭味。雖然可以有效驅趕進來瞎逛的客人，但是在那面牆附近工作非常不舒服。我們再次寫信給房東，抱怨我們無法在對哺乳類有害的環境中做生意，因此經過一段相當漫長的等待之後，房東提供了幾臺巨大的除濕機。接下來將近一年的時間，我們都得忍受宛如火箭升空的可怕噪音，驅逐顧客的效果與惡臭不相上下。

雖然這個狀況很棘手，不過也提供一個很好的藉口讓我可以出差，至少這是我提出的理由。除濕機太吵，很可能根本沒有人聽見我說話，不過我認定他們同意了。於是乎，我的下一個培訓階段就此展開。

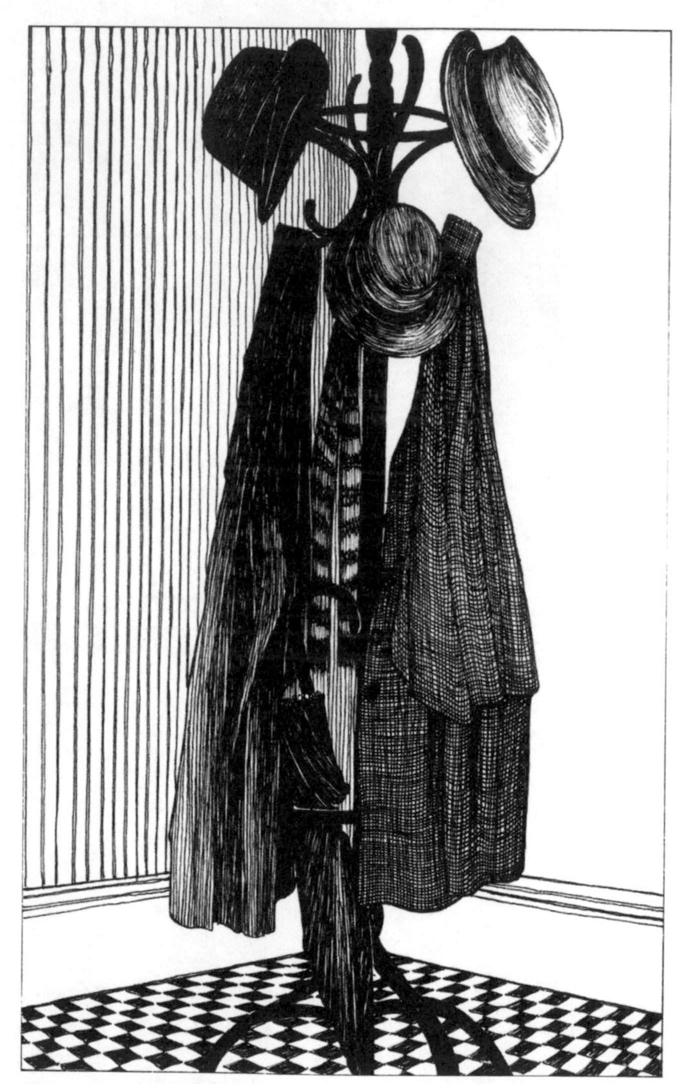

木質衣帽架，可應用於提供合法娛樂之場合。來源爭議極大。

Part III

旅行與探險

描述店面之外的書店人生，主角身陷詭異陌生的環境，而且往往並非出於自願。

一般人認為賣書這個工作應該不會需要「走南闖北」，但其實這個職業經常需要出差。旅行與探險部門負責所有在國外發生的事，以及從國外來的書，也包括以外語寫作的書。「所有不是發生在英格蘭的事」這個範圍實在太大，因此這個部門獨佔店裡的一整面牆，書籍依照大陸陳列，除非蓋爾格剛好情緒上來，決定來個大風吹。如果你想體會一下世界有多大，旅行與探險部門絕對是最佳起點。

27 營業時間

倫敦的一個晴朗早晨，我在車站人群中奮力推擠，盡可能不讓包包受到太多擠壓，生怕會弄壞裡面的書。我快遲到了，而且沒有什麼好理由，我快步走過皮卡迪利路，身為住在首都大城的男同志，我早已習慣了這樣的速度。我差點被兩輛車和一匹馬撞到，我抄近路穿過一個永遠無法完工的工地，遇見平常送信給書店的郵差，匆匆和他打個招呼。他正在和附近一家店的老闆爭論，他們專門賣怪異的地毯，櫥窗擺著一個很嚇人的老虎雕像。書本買賣的人生相當奔波，就連地位最低的學徒也經常跑來跑去，進行各種尋覓物品的任務，即使放進奇幻電玩的低階關卡也不違和。

儘管如此，營業時間店面裡一定要有人在，這是最重要的優先工作，卻是大家都不想負責的事（我腦中冒出「牧貓」這個形容：企圖管理一群完全不受控的生物）。最常守著店面的人就是我和詹姆斯，他似乎從不離開書店，而我身為學徒，整天守著前臺本來就是我的工作。然而，到了星期六，店裡經常只有我們兩個。

每週六都是學習新事物的好機會，週間他會把一些東西收起來，等到只剩我們兩個的時候再拿出來討論。我們一邊工作、一邊聊天。我逐漸瞭解他是個重視隱私的人，因此他讓我看見他人生的片段，其實是一種信任的表現。我們的人生有許多相似之處，因此他似乎認為，不能讓我毫無概念就進入珍本書的世界，而且他相當重視這件事，甚至願意每週六帶著他心愛的工具和一堆書，來我擁擠的小桌子旁講解。他豐富的經歷從來不曾反映在書店的目錄上——他痛恨電腦——但他腦中裝滿了一生買賣書籍的實務經驗，並偶爾會拋出一、兩個寶物給我，即使當下我並不明白他的用意。

週六開店這種作法，後來大致上取消了[1]。員工都很不喜歡。沒有人想在週末上班，因此大家慎重地排出一份輪班表，這絕對是莎樂倫內部文件中，最用心製作並且認真遵守的一份，直到今日依然保有這個不太光彩的榮譽。理論上，這份班表排定每週六

1 作者註：十二月的時候偶爾還是會開，導致所有人都火大又混亂。

有兩名店員坐鎮，採用的模式讓我們所有人隔週輪班一次，和不同的人搭配。實務上，輪班的安排方式主要還是考量個人需求，並且避免讓兩個互相看不順眼的店員整天關在一起。

例如說，安德魯與詹姆斯都在文學部門，兩個人的辦公桌緊靠在一起，基本上，他們連週間都很難避開對方。此外，詹姆斯的辦公桌亂得可怕，他根本不在那裡辦公，只有必須拿塞在裡面的東西時才會過去，平常他用一個玻璃小直立櫃頂端充作寫字桌。這個櫃子和安德魯的桌子連在一起，而且正對著他的座位，因此，這兩位店員每天大部分的時間都看著對方的工作區域。結果就是一週五天他們都必須忍受對方入侵私人空間，如果連週六都要這樣，他們兩個應該會受不了。

莎樂倫依照傳統週六營業，但開店時間比較晚、打烊時間也比較早。我個人推測，之所以如此安排，是因為書店最忙的時段分別是剛開門的早上九點，以及打烊前的傍晚六點——改變開門與打烊的時間，可以讓週六上班的店員躲過這兩個時段。這樣做其實也不奇怪——許多書店的營業時間很不尋常。離我們不遠的一家店，一週只開幾天。另一家只有特定時間才會開。有些店喜歡混合搭配，這裡半天、那裡半天，搞得人一頭霧水，感覺好像特別設計不讓人進去。

相較於其他書店，莎樂倫一週營業六天，而且一天的營業時間相當長。大家或許會認為既然如此，應該很容易聯絡我們，但先決條件是必須有人在前臺記錄留言。珍本書店員在店裡的時間很長，但不在的時間也一樣長，走遍全國各地尋找可以進貨的書。雖然我們確實很依賴獵書人供貨，但店員也必須有能力自己走出去，尋找可以上架販售的書。隨著經驗增加，自然會想展翅飛翔找點刺激。當我褪去學徒的絨毛，終於翅膀長硬了，當然也開始想離巢。

28 越野障礙賽

那封信乍看之下非常平凡，莎樂倫每星期都會收到很多這樣的信。內容往往空泛得令人受不了，信紙上印著抬頭和早已沒人記得的貴族家徽，每一封的開頭差不多都是「敬啟者」，然後敦促我們前往他們的莊園，鑑定過世遠親留下的藏書，他們會一再保證那位遠親熱愛蒐藏稀有珍貴的書。我們會回覆一部分——感覺不像史蒂芬·金（Stephen King）恐怖小說開頭的那些——剩下的直接扔進垃圾桶（當然啦，之後詹姆斯會再回收到店內各個角落）。把那些感覺應該真的要賣書的信再分別交給店員，可能是剛好對藏書類型有瞭解的人，也可能是住在那附近的人，不然就是抽到籤的倒楣鬼。這一次，我手中的信無人認領，因為內容有說跟沒說一樣，一般而言會直接被丟掉。不過，我下定決心要增加外出尋書的實務經驗，不如就從這裡開始吧。我簡單打通電話聯絡，對方聲音尖細但很講理，於是我約好日期過去拜訪，由我單槍匹馬出擊。

對我而言，這是一次很重要的機會，因為雖然我經常去鑑定倫敦市區內比較小型的藏書，但這是我第一次單獨去看一整棟房子的藏書。找到一批珍稀書籍會讓人臉上有光，在偏遠的地方找到更是加分，我內心渴望那種光榮時刻。或許可以說是尋寶的本能吧，經驗比較豐富的珍本書店員都知道必須小心控制。

不過我還是慎重規畫旅程。先搭火車去到當地，前往那座宅邸的距離不遠，走路也不會很久。那個區域的地圖不太詳盡，不過感覺應該沒有很難找。我不開車，所以完全沒想到要租車或包計程車，更何況，天氣非常好。我告訴自己，坐了那麼久的火車，走走路剛好運動一下。

晴朗的春日清晨，我踏上旅程，火車駛進鄉間車站，雖然雜草叢生，但並沒有完全荒廢。手機網路收訊不太穩，但依然可以指路，導航帶我走上一條泥土小徑，感覺不像是人特地開出來的，比較像野生動物經常路過而留下的痕跡。

屋主告訴我，只要「走一小段路」就會到。我越往樹林深處走去，越深切體會到那句話有多不真實。小路兩旁長了一大堆刺刺的蕁麻，每隔一段距離就會遇到，而路本身更是連接許多小路與彎道，很容易走錯。許多動物穿越小徑，各種狐狸、長相凶惡的貓、一隻疑似獾的動物。小徑漸漸消失在荒煙蔓草間，最後我直接走在森林裡，一路不停罵自己。有時路上會出現歪扭金屬板搭起的牆，硬擠過去的話，刮傷肯定會得破傷風，迫使我繞路穿過插著稻草人的田野或灌木叢。

小路一下出現、一下消失，我與導航纏鬥，努力想知道自己到底在哪裡，我漸漸察覺路上不只我一個人。在我的身後，幾乎看不見的地方，有個東西跟著我。短暫的片刻，我允許自己相信那只是個當地人，我應該過去問路，但這個念頭很快就被一堆問題淹沒，例如「誰會住在這種地方？」以及「怎麼有人塊頭這麼大？」。我加快腳步，以很不智的高速穿過荊棘與落葉，但始終沒能甩開後面那位朋友。我甚至放膽停下腳步一下，想著說不定後面只是個無辜的健行客，很快就會超前，但是沒有人出現。

走了一個小時之後，導航閃了一下復活，引導我走向一道石階，上去之後是一條切過樹林的鐵軌，我衝刺穿越，只稍微擔心了一下會不會有火車經過。到了另一邊，走下階梯，我一頭栽進一片玉米田，到處都是烏鴉，發出此起彼落的刺耳叫聲。

幸好我腿夠長能跨得很高，終於又回到小路上。我穿過一道樹籬，眼前出現一座鄉間宅邸的花園，四周的樹木經過精心修剪，氣氛很像秋天。我從一堆堆落葉間走過，感覺真的有如從春天走進秋天。屋子前面停著幾輛車，我蹣跚走過去，渾身都是植物的刺，整個人狼狽不堪，彷彿被人用蠻力拽著穿過垃圾山。在門廳迎接的那位男士一臉震驚。「你走路來？」他說。「怎麼會？沒有人走路來這裡。絕不會有人叫你用走的來這裡。」我用冰冷的表情瞪他一眼，然後要求去看藏書。

他帶我走向房屋另一邊，一邊解釋說那位親戚前陣子過世了。對宗教的熱愛佔據了她絕大部分的人生。「她花很多時間在禱告。」他陰森森地說。她留下的財產很微薄，只有快倒塌的宅院、一些令人不解的家具，以及大量舊書，幾乎都是法文（因此我無法閱讀）。我拿起一本歌德詩集，幾乎只是出於禮貌，聽繼承人抱怨家具的事。我越是觀察，越是確定那些書大部分都腐朽到沒救了，皮革皺縮成條狀，一碰就碎裂。晴朗早晨漸漸變成陰鬱午後，原本四散在屋內各處的家屬全都跑來問些怪問題。他們想看我工作，我會介意嗎？這個奇怪的鎖盒沒有鑰匙，我有什麼看法？時間過得越久，我越覺得他們的問題沒那麼單純，甚至明顯有針對性，好像刻意想利用我性格中的某些弱點。

等到屋內的動靜似乎停止了（我緊抱著詩集當作護身符），我走進廚房下方的幾個房間，原屋主在那裡堆了更多書。這裡的藏書堆到天花板，成鋸齒狀塞滿。這個房間沒有燈，於是我打開手機的手電筒，稍微靠近書架，藉著燈光稍微看了看書名——《認識天主拯救自我》的後面是一本驅魔故事集，然後是好幾本平裝童書，主題全都是惡魔作亂時發生的天國奇蹟。

讀者啊，地下室的灰塵還沒落下，我已經衝上樓梯、直奔大門。一、兩個幽暗身影冒出來問我是不是已經完成鑑定了，然後他們看到我手中的詩集，似乎認為可以接受。很好的選擇，他們贊同。天快黑了，我好像該回家了吧？這個問題很有道理。我等不及想離開這棟房子，於是匆匆告辭，再次沿著滿是雜亂灌木的蜿蜒小徑回車站，一路狂奔。這次，我身後沒有神秘的影子跟隨，而且感覺一下子就到車站了，好像是因為我從那棟房子拿了一本書，滿足了那個東西的心願，因此得以脫離夢魘。

回到書店時，我的襯衫破了（慘遭灌木刺的毒手），死命抓著這趟辛苦旅程唯一的收穫，而且那本詩集還隱約散發邪惡氣息。所有同事一致（默默）表示相同的看法：去住宅鑑定藏書本來就會這樣，如果不希望襯衫被扯破，那最好買一件厚實的外套。

29

閣樓裡的肖像

這次的經驗讓我學到教訓，最好還是不要跑去離家太遠的地方尋寶[2]。因此，當我發現下一次的任務在倫敦，就立刻安心了。那是一棟高雅的市區透天房屋，高聳狹長，這種房子曾經被視為四口之家的樸素住所，但現在價格已經高到值得殺人搶奪的程度。木製大門十分厚重，敲門環是尖叫惡魔的造型，銅鏽發綠的感覺令人很不舒服，我實在不想碰，於是乾脆直接敲門板。

我站在門前許久，一直沒有人來，於是我享受了片刻寧靜。這裡是倫敦市少數還沒有把樹砍光的住宅區，雖然半空中一樣飄著一絲絲霧霾，但感覺是個好兆頭。

2 作者註：如果非去不可，務必要準備手電筒、厚實的外套、五十英尺繩索。

門無聲無息打開，我沒有察覺，一轉身，我才發現屋主雙手插腰站在那裡，身上裹著好幾條披肩，感覺很像蛹。她站在那裡多久了？為什麼不說話？她的眼神讓你想回家早早上床，一覺醒來變成巨大的甲蟲，再也不必背負客套社交的重擔。

她上下打量我許久，表情變得很不快，顯然我和她的預期相差太遠。大家對古書店員的外表有著奇怪的想像。大部分的人應該根本不會思考這件事，但如果要他們說出心目中古書店員的模樣，十有八九會想到中年男性，穿著花呢西裝，雙眼閃耀智慧，騎著古老的高輪自行車準備趕赴下一場探險。我剛開始在莎樂倫上班的時候確實會穿西裝，但很快我就發現太容易弄髒了，而且根本沒有人在乎我穿什麼去上班，無論是穿西裝用吊帶，還是隨便套個布袋，完全沒差。我的天性可以歸類於所謂的不修邊幅，當我必須出門時，隨手抓到什麼就穿什麼，然後爬出我稱為臥房的那個書坑。因為沒有人在乎，於是我又回到這種舒適的生活方式。即使我剛好穿襯衫，很可能也是反的。我最後一次用到領帶，是拿來綁住快解體的家具，固定好之後才能堆更多書。

總之，那天我穿著心愛的毛線外套，袖子有點脫線，我就喜歡那樣，肩上掛著老舊的包包，臉上的眼鏡用膠帶修補過[3]。顧客的表情立刻變得很難看，我猜想，一般她只會用在重罪犯、小丑，或其他妨礙社會安寧的人身上。我說明身分，她退開一步准許我進入她家，但謹慎保持距離，彷彿擔心我隨時會突然暴起傷人。

我剛才可能提到過，這棟房子造型高聳狹窄，但依然有空間來個華麗門廳，鋪著紅地毯的樓梯從側邊往上延伸。鑲在牆上的書架穿過上層地板，大部分的書位在危險高處，除非有飛行靴或吊索，否則上不去。我們從最上面開始吧，她說完之後大步走上樓梯，我急忙跟上。樓梯盡頭的平臺有一個固定式的木梯，通往上方的閣樓。她爬上木梯，說明那是她丈夫的工作室。他過世之前把一些書放在那裡，她要我自己上去看，不肯一起上去。

唉，那個梯子設計不良，而且少了好幾級，我爬上去之後才發現，閣樓空間對我而言太小了。屋主的丈夫肯定很矮，因為我不得不彎腰駝背移動。幸好唯一的窗讓外面的光線照進來，我才得以看清這個閣樓真正的用途。每一面牆上都掛著肖像，全是同一張滿布皺紋的臉，有些相框固定在牆上，有些用繩子懸掛在天花板上，整體很有「多利

---

3 作者註：我的眼鏡常常壞掉。我乾脆當作宇宙的真理認命接受，因為除此之外實在無從解釋，明明才剛從店裡拿回家，怎麼不到二十四小時就被我弄壞了。無論我準備多少副備用眼鏡或緊急替換用的眼鏡，都無法阻擋這樣的趨勢，頂多只能撐個幾天。

安・格雷[4]攝影沖印館」的美學氣氛。我只能推測相片中的人應該是屋主的亡夫，他在每張照片中的模樣感覺都像熟睡或死去，陰暗的色調讓人無法說服自己那不是死人。這個地方到處堆滿照片，許多甚至放在地上，我花了大約五分鐘搬動照片尋找書，但很快就決定以我的薪水而言，這樣的工作太超過了，於是我下樓宣布壞消息。我沒有找到書，但我不會老實承認，以免她堅持要我回去繼續找。

瘦小的老太太不肯讓步。她硬把我困在樓梯上，指著側邊那些高得不可思議的書架。「那些呢？」她不耐煩地問。我盡可能耐著性子，以客氣的語氣問她要怎麼上去。她有梯子嗎？這個問題換來一連串嫌棄的嘖聲與冷哼，她氣勢洶洶走進屋內，顯然認定門、家具、任何擋路的惱人物品都會自行移動讓她通過。接下來我等了很長一段時間，於是踮起腳尖、拉長脖子，努力想看清書名。我認為不太樂觀。即使站在下面，都能看出那是一排排發霉的平裝書，書脊褪色，偶爾出現的幾本皮革精裝書也都嚴重劣化。整體只有霉味，沒有錢味。

她終於回來了，搬來一個小矮梯。呃，其實比較像大一點的腳凳。

她看著我。我看著她。我們一起看著矮梯。

最後我不得不冒著生命危險親身踏上矮梯示範，才讓她相信只增加這一點高度無濟於事，依然碰不到那幾百本書。她似乎認為這是我個人能力不足，而且表現得相當明顯，好像我之所以不肯像蜘蛛猴一樣爬上四十英尺的書架，完全是故意想整她。我們陷入僵局，因為除非用重型機具把牆壁拆毀，否則不可能拿到那些書，我們只能放棄。儘管我以渴望的眼光看著大門，儘管她顯然認定我的能力不足以應付這項任務，但她依舊堅持要我去地下室看看。

根據我的經驗，一般而言，大肆裝潢地下室通常沒有多少正常的理由。我們走進黑暗的地下室，靠著手電筒的光線看看四周，經過一扇滿是釘子的綠色大門。門的正中央有個鎖孔，瀰漫不祥的儀式感。她暫時停下腳步，指著門交代我千萬不能進去。我當然不可能進去，我又沒有鑰匙，但她依然特別警告我。我跟隨著她身上層層披肩的尾端，轉彎進入她稱為「藏書室」的地方。

我不確定哪個時代的建築風格流行將馬桶塞進地下室的小房間裡，但是確實有人費

4 譯註：十九世紀末愛爾蘭作家王爾德（Oscar Wilde）小說《多利安・格雷的畫像》（*The Picture of Dorian Gray*）之主角。格雷是一名年輕貴族，很害怕失去青春，於是許願讓一幅肖像代替他變老，竟真的從此維持青春樣貌。他放浪形骸犯下各種罪行，肖像中的模樣變得醜惡不堪，成為罪孽的證據。他為了消滅醜惡的畫，一刀刺進畫中，沒想到真人卻變成老醜的模樣死去，畫則恢復年輕。

了很大的功夫在這裡裝了一個。那個馬桶裝在凹凸不平的地上，感覺搖搖晃晃很不安全，房間的四面牆擺滿了幾百本書，全都是《潘趣》（*Punch*）雜誌[5]的卡通。

大家可能不太熟悉《潘趣》卡通，這種書最好笑的地方是難賣的程度。如果你曾經因為看不懂笑點而呆滯望著報紙上的四格漫畫，那麼，你就能明白拿起古董《潘趣》卡通年度全集的感受。一百多年前的隱晦政治笑話，影射的當代事件早已不復記憶，裡面的人物也被遺忘很久了，而且往往一大本又厚又重，現代人一定都會覺得沒有地方放。我經常認為這種書僅存的用途，就是用來建造金字塔或水力發電水壩。總之，大約一百本的卡通全集，這是古書商最不想碰的東西。這些書保留這麼久，裡面的卡通早就沒人看得懂，更不可能覺得好笑，但是要說服書的主人並不容易，往往很快就會鬧得相當不愉快。我正想著該如何告訴她這個壞消息時，回頭才發現她已經走了，在那瞬間的無聊好奇驅使下，我拉拉水箱的鍊子，想知道馬桶是否還能用。

我穿著濕透的鞋子回到書店，好像沒有人察覺，就算他們發現了，也很好心沒有說出來。我將濕答答的鞋子塞在辦公桌下面隱藏證據[6]。

30 帽架與靈異事件

多年來，莎樂倫書店曾經遭受過許多異常事件威脅，如果仔細看就會發現，裝潢中暗藏著許多古老狂歡節遺留的聖物。例如說，那個超級巨大的香檳酒瓶（可惜是空的），在店裡已經四處徘徊超過十年了。至於這個瓶子是巴爾退則瓶（Balthazar）還是尼布甲尼撒瓶（Nebuchadnezzar）[7]，店裡的人意見分歧，不過大家都同意丟掉太可惜，即使已經沒有實際用途了。店裡到處都是這種漂浮物一般的東西，以前可能有主人，但逐漸被書店融合。

5 譯註：於一八一四年創刊的政治諷刺雜誌，以卡通聞名，也是第一個將幽默諷刺畫作定名為「卡通」的雜誌。

6 作者註：其中一隻立刻消失。我不知道去哪了。

7 譯註：這兩個名字都來自聖經人物。巴爾退則瓶容量為十二公升，等於十六個標準瓶；尼布甲尼撒瓶容量為十五公升，等於二十個標準瓶。

我剛成為學徒不久的時候，一個多雲的早晨，安德魯決定既然有了年輕新人就要好好玩一玩，加上可能良心突然發作，於是決定將一個尺寸大到非常礙事的帽架，歸還給附近的另一家書店，莎樂倫和那家店維持著謹慎的休戰狀態。我該解釋一下，這個帽架經常在各家書店之間遊走，只要舉辦慶祝活動就會去借來用，宛如命運之石[8]。觀察敏銳的人可能會想到，帽架不難買，為什麼莎樂倫不自己買一個。唉，我沒有機會思考這個問題，因為那個帽架被塞給了我，並附上簡單的路線指引，外加開朗道別。帽架無法拆開讓體積變小，也沒有裝輪子。我短暫考慮要不要乾脆叫計程車速戰速決，但很快就發現，任何夠格的倫敦黑色計程車司機，只要遠遠看到我拿著巨大帽架站在街邊，便會立刻開進小巷逃跑，更何況其實計程車也塞不下。

這個帽架不適合直立拿，因為我才剛走出書店，就差點把招牌給砸了，如果橫著拿更是自找麻煩。因此我只好以古代騎士持矛的姿勢拿著，如此一來，剛好在我前後左右的任何人都可能倒大楣。目的地是一家叫做賈恩迪斯的書店[9]，離大英博物館非常近。這家店專門經手十九世紀文學作品，從一九八六年在大羅素街（Great Russell Street）四十六號營業至今，但店面所在的建築從一七三〇年代就存在了。賈恩迪斯書店的鬼魂據說是個穿蘇格蘭裙的男人，他們信誓旦旦地說他目前還沒出現過任何邪惡的跡象。

為了去到那裡，我別無選擇，只能走上皮卡迪利路，穿過那個超級有名的圓環。如果你非常幸運，還沒有遇到過必須步行穿越皮卡迪利廣場的狀況，我建議永遠不要這麼做。那整個地方是個複雜無比的穿越道迷宮，紅綠燈的位置非常糟，突然出現的轉彎把人直接送到移動中的車輛前面。這裡也是熱門觀光景點，觀光客可能想看那些巨大的電子廣告板，但那些廣告不但讓人分心，閃爍的亮光也會刺得行人睜不開眼睛（我一直認為，這個廣告牌系統設計成這樣，是為了以被動攻擊的方式進行人口控制）。一位老太太差點被帽架的分枝刺中，我閃避躲開她，卻將一位先生打倒在地，旁邊一群拿著相機的青少年不停拍攝，我敢說，直到現在，他們的寶庫裡依然藏著我丟人的證據。這時候我才剛進入古書買賣業界，依然會穿西裝作為偽裝，於是乎，領帶不斷飛到我的臉上，我扛著巨大的木製三叉戟，走在舉世聞名的繁忙道路上，越來越多好奇的觀光客跟在我後面，使得我看起來活像女王蜂。

8 譯註：古代蘇格蘭王加冕時必須坐在這塊石頭上，後來英國國王加冕時也會將這塊石頭放在王座下，象徵統一王權。

9 作者註：我原本以為這個名字來自於狄更斯小說《荒涼山莊》（*Bleak House*）中的賈恩迪斯訴訟賈恩迪斯案。沒有每天泡在狄更斯奧秘世界裡的人或許不熟悉，我來說明一下，這個詞現在基本上已經成為沒完沒了故意拖延法律程序的代名詞。

我在沙夫茨伯里大道（Shaftesbury Avenue）鑽進一條小路，成功甩開那群觀光客，那裡是同志區，很多劇場的後門都在那裡——因為那裡本來就有一堆奇奇怪怪的狀況，因此我變得不那麼引人注目。我快步往前走，以類似撐竿跳的動作穿越另一條奪命馬路，終於來到正確的街道，只要往前一跳、一躍、一滑，就到了大英博物館[10]。這條路比我們那邊嘈雜，但是薩克維爾街那種誘人的昏睡感，其他街道真的模仿不來。

在倫敦，只要看招牌的風格就能認出古書店，甚至不必看上面的文字。通常都會是一塊木板，可能固定在牆上，也可能懸掛在造型華麗的金屬架上，而且用的字體大同小異。加上數量多到誇張的古書店各自認定綠色配金色最順眼，於是顧客會找錯店家也很合理，他們經常走進去才發現不對。賈恩迪斯書店相當大手筆，牆上寫著大大的店名，上方也懸掛招牌，拚命想吸引過路客。這家書店確實很美觀，問題是一樓櫥窗太小又堆滿書，以致於我看不見裡面的狀況。儘管我已經狼狽無比，但此時一絲希望回到心頭，我扛著該死的帽架去到紅色大門前，努力設法進去。我推了一下，門不動，然後我緊張兮兮地用力撞，還是不動。我敲敲金屬大門環，沒有回應。噢，慘了。

我坐在店前面的石頭大門檻上等了一陣子，下定決心說什麼也不要帶著帽架回莎樂倫。在那意志力軟弱的一刻，我考慮要不要乾脆扔進樹叢裡然後跑掉。但我有點擔心詹姆斯會嗅出我的罪行，逼我回來拿。我試了很久依然沒有人理我，只好回頭往來時的方向走。隔壁店面是賣古董錢幣和其他蒐藏品的小鋪，經過時，我探頭進去問賈恩迪斯是不是倒閉了。

錢幣鋪櫃臺後面的女士很有媽媽味，也可能是我太絕望了，所以將媽媽的形象投射在她身上。我還沒說完問題，她大聲罵了一句髒話，感覺似乎氣急敗壞，然後拿起一支掃把。她對我溫柔微笑，然後要我跟她走，接著她氣勢洶洶走出去，我乖乖跟上。我推辭說可以改天再來，但她不肯聽，用掃把大力拍打紅門，高聲大喊「快開門」，然後歪頭看櫥窗，動作很像貓在窺探老鼠洞。我悄悄希望大地裂開把我吞掉，路過的人看著錢幣女士不斷敲書店的門，像是債務執達員，也像死亡天使。事實證明她的努力並沒有白費，那扇大紅門打開一條縫，只夠讓我看到惱怒臉孔的一部分。我輕輕咳了一聲企圖緩和氣氛，然後將帽架交還，那個人收下時的表情既驚訝又困惑，他含糊道謝，然後不客氣地關上門，差點打到我的臉。錢幣女士回頭對我露出燦爛的大大笑容，然後以　派無

---

10 作者註：我在這附近聽過另一種稱呼：罪證室。

辜的語氣問我，這個帽架很重要嗎？為什麼一定要在今天早上歸還？這家店通常中午才會開門呢。

31 拍賣公司

我站在拍賣公司的地下室，因為踩髒了人家的高級地毯而忐忑不安。我好不容易才通過門房那道關卡，他戴著高禮帽，感覺像誇張的廣告人物，他詳細盤問我來訪的目的，問了很久才放行。我很難不注意，他沒有攔下那位珠光寶氣的女士，也沒有盤問那位繫著領巾、一臉忙碌的年輕人。

我們在拍賣會上買了一本書，我奉命去領取。即使才剛和門房纏鬥許久，我依然昂首闊步走進去，沒有來過高級拍賣公司領取物品的人才會有這種自信。拍賣公司內部有一大堆毫無幫助的指標，燈光反映情緒，而今天的情緒是不爽。我花了整整二十五分鐘才找到正確的櫃臺，因為我在第二個同心圓樓梯間迷路了，差點闖進拍賣會場，裡面拍賣的雕像太過真實，讓人心裡發毛。

負責櫃臺的是一位神情疲憊的男士，立陶宛口音讓人覺得他好像從一大早就開始搬重物，現在他再也不想搬了。因為這樣的態度，他成為我進入拍賣公司之後唯一對我展現同情的人。我說明來這裡的目的，他不等我說完就告訴我，想要領取那本書，我需要一把有編號的特殊鑰匙，必須先去位在大樓另一頭的地下室領取。

我唉聲嘆氣拿起東西，沿著來時路回去，穿過彎彎曲曲的走道、經過那個非常可疑的拍賣會場，對氣呼呼的門房揮揮手，撞到兩個推車運送超醜花瓶的女人，終於到了地下室。昏暗的燈光下，一個工作人員關在玻璃安全隔間裡，強化玻璃感覺非常堅固，除非出動攻城槌，否則無法打破，而且裡面明明至少還有四個座位，但只有一個人。裡面那位女士假裝沒發現我，端莊高貴的神情簡直可以印在硬幣上。她一直不肯看我，直到我按了她面前的小鈴，才終於朝我看過來。

我擺出練習許久的表情，充分傳達不好意思的心情，將文件放在她面前，說明我要來領取一本書。

她很不情願地點點頭，我在沒有其他人的辦公室裡等了一小時，她在我面前不斷翻弄紙張。終於她做出結論。「非常抱歉，不過你不在授權領取的名單上。」

我傻了。「呃，我必須領取那本書。要怎樣才能讓我的名字登錄在名單上？」

她笑笑，露出一口尖牙。「貴公司已經有一份授權名單了。你必須請已經在名單上的人簽署這份文件。」

我看了一下名單上的名字，想知道誰能授權給我。「不好意思，應該弄錯了吧？」我遲疑地笑了一下。「這些人全都過世了。」

那個女人的臉上接連換了好幾個表情，每個都讓人看不透，然後才冷靜下來。「授權名單可以變更，」她慢吞吞地說，越來越有自信，「但需要已經在名單上的人簽名。」

「小姐，」我重複，「他們全都死了。這些人都不可能簽名。」

她看著我。我看著她。我下定決心除非拿到那本書，否則絕不離開，做好長期抗戰的心理準備。公司的規定不可能這麼惡搞吧？我想著。一定是她誤解了。我要求和別人談，結果證明我大錯特錯，因為從後面出來的那位小姐幾乎和之前那位一模一樣，一副精明幹練的模樣，但一切又重回原點。

「噢，我懂了。」她用一塊髒兮兮的布擦眼鏡。「你發現授權名單上的人全都往生了。」

我咬牙忍耐。「對，」我說，「但我必須領取那本書。」

她再次意味深長地停頓，然後緩緩眨了幾下眼。「噢，老天。」她搖頭，將我的文件推回來。「真的必須要有名單上的人簽名，我們才能進行修改。」接著她的表情一亮，彷彿想到絕妙點子。「我去請另一位同事過來，請稍等。」

接連來了兩位主管、一位經理，打了七通內線電話，一群搞不清楚狀況的員工擠在同一個隔間裡。主要負責人短短半小時就放棄了友善偽裝，其他人感覺只是因為不想處理崗位上不愉快的工作，所以跑來湊熱鬧。每次有人加入，就要重頭解釋一次狀況。到了晚上六點，他們跟我說：非常抱歉，但已經是下班時間了。我不得不離開，沒有拿到書。

約克

如果說條條大路通羅馬，那麼，英國所有珍本書買賣最終都通向約克。我相信一定有什麼複雜的歷史因素導致這種奇怪現象，但約克從古至今一直是全英國古書交易的熱門地點，珍本書店的數量更是多到不成比例。每年約克都會舉辦書展，聲勢不輸倫敦的書展，甚至有過之而無不及，許多珍本書商每年都會前去朝聖，享受當地的舊世界氣氛。相較於倫敦，約克更認真保存原汁原味的古風美學，保留蜿蜒街道與古樸店面，如果在倫敦，應該早就被拆掉蓋辦公大樓了。我有一次被拐騙走進一家當地酒館，店名叫做「戰慄瘋狂之家」，據說深受參展書商歡迎，一進去就會看到上千個動物頭顱標本。這間酒吧很難找，不太可能剛好路過走進去，只有已經知道地方的人才找得到，因此非常適合書商，可以躲開顧客、債務執達員、律師。我經常鼓吹莎樂倫採取這種作法，世界上一定有熱愛挑戰的建築師願意弄一座石頭山擋住我們的店門，不然把門口弄得像廢棄建築工地也不錯[11]。啊，我離題了。

古書業協會支付了我的部分學徒薪資，他們突然想到參加珍本書研習應該對我很有幫助，這個活動每年固定在約克舉行。研討會是相當近期才開始的，用意是鼓勵更多人進入業界，最重要的是有免費三明治可吃，我當然不會拒絕。從事珍本書行業的人大多不喜社交，要找來這樣的一群人教課並回答問題，想必不容易。不過我猜想，能花一、兩個小時興高采烈探討他們專精的領域，應該是相當大的誘因。雖然我從來沒去過約克，但莎樂倫支付餐旅費用，而且還可以離開書店幾天，於是我決定當作去短暫度假。我拿到公司卡（依芙琳萬分錯愕），並且奉命自己去訂房[12]。

我想盡可能節省住宿費用，結果就是，我得硬擠進一位老太太家後面的迷你房間，整棟房子飄散著一股屎味，而且位置非常偏遠，（最重要的是）離研習場地非常遠。如果還有讀者沒發現，現在也該看出來了：我很不善於規畫旅程。我從來沒有遇到過住在隔壁房的人，但是他不停發出嘶嘶聲和拖行聲，我不得不猜想隔壁住著一隻大蠑螈。只要有現金，老太太就會供應早餐，但我在前往房間的路上瞥見廚房，決定餓肚子比死於非命好。她和我小聊了一下，但都在抱怨又到了「賣書那些傢伙」出沒的季節，至少差不多是這個意思（我不想浪費篇幅說明她講的方言多難懂），於是我急忙告辭。

幸好我沒有吃早餐，因為那天我很早就要出門。我原本打算一邊欣賞風景一邊散步過去，但看了一下地圖之後，我發現可能得慢跑才行了。我手腳並用爬過一道廢棄鐵道橋，忽然有種惡夢重現的感覺[13]，但我準時抵達（滿身大汗很丟臉）。我在教室後排找了個位子，拿出筆記本。

我年輕時不是好學生，理由很多，包括遇上權威就直覺想反抗，但主要還是因為從青春期便開始受猝睡症所苦，導致我只要處在安靜平和的環境裡，就很容易睡著。例如

11 作者註：受道格拉斯．亞當斯（Douglas Adams）的啟發，我一直很想弄個「當心花豹」的標示貼在我的辦公桌附近，這樣顧客才不會來煩我。（譯註：道格拉斯．亞當斯是英國幽默作家，以《銀河便車指南》〔*The Hitchhiker's Guide to the Galaxy*〕系列作品聞名，「當心花豹」標示即是出自此書。）

12 作者註：直到今日，我依然難得有幸能用公司卡。書店的人似乎不太願意讓我取得那種可以隨心所欲、不受審查的消費力量。我猜想大概是擔心我會刷爆卡買一堆賣不出去的詭異書籍，我對他們的這種想法一方面感到忿忿不平，但一方面也全然理解，因為那完全是我會做的事。

13 作者註：我自認有義務提醒有意在英國從事珍本書行業的人，做這一行會花很多時間設法應付廢棄鐵道橋。我也不確定為什麼，但藏書家和書商很愛住在有廢棄鐵道橋的地方，所以最好準備一雙堅固耐磨的鞋子。而會害怕從變形生鏽金屬間突然墜落的人，可能不太適合這個行業。

說，在昏暗的教室裡待上幾個小時，聽熱心分享的前輩書商以柔和的聲音講解平靜的課題。我大老遠跑來這個距離蘇格蘭不遠的地方，因為太過興奮，以致於完全忘記猝睡症這件事，上第一堂課開始打瞌睡的時候我才想起來。這堂課很有用，講的是如何利用參考書籍，看來我註定要錯過了。

在我浪費時間睡覺的同時，左右兩邊認真學習珍本書知識的同學勤奮抄筆記。這一班的同學組合很怪異——雖然說，我也不知道究竟怎樣的人會來參加珍本書研習。教室裡頂多只有三十個學生，但是非常多樣化，竟然有這麼多不同的人想加入珍本書行業，真是令人感動。坐在我旁邊的人當中，一個是神情肅穆的退休法官，想找點事做打發時間，他經常以嚴厲的眼神看老師，好像威脅要在課堂上將他們開膛剖腹。坐在我前方的，則是一群打扮端正到令人難受的年輕店員，來自不同的高級書店，已經形成了小圈子。然而，坐在我另一邊的人是個滿身刺青、超大塊頭的威爾斯人，他一個人佔了三個人的空間，而且似乎認為我經常打瞌睡的行為是一種反政府宣言。沒過多久，我就（非自願）受到宛如惡夢一般的寵愛，在課堂之間，他會分享一些奇怪的下流手段，在窮鄉僻壤開店的草根書商，為了維持經營而無所不用其極。都已經到了這個地步，我應該表明不感興趣，然而我無法抗拒緊繃的襯衫，於是我任由他相信我充滿反叛精神，聽他詳細描述如何抱著一堆書偷車。

研習持續一整天，每堂課都有不同類型的書商飄然走上講臺，介紹他們專精的領域。有些人是天生的老師，有些人一看就是被強迫的，教課時瞪大眼睛掩飾恐慌，彷彿生怕親人遭受恐怖虐待。有一位老師講課中會不時停止，悵然呆望著門，必須有人開口催促他才會繼續講下去。在課堂之間，我聽說這個研習每年會固定收割從業人員，以討人情債的方式鼓勵大家來分享知識，教導即將入行的新人。有些講師雖然表面上不情願，但大家私下低聲交談時，能夠感覺得出來所有書商都懷抱著非常真實的憂慮，要是沒有新血加入這個行業，古書買賣的傳統遲早終將式微。出於這樣的擔憂，才會有那麼多社交恐懼的書商願意齊聚一堂，在眾人面前講課。

我像個遭到遺棄的書籤一樣四處遊蕩，和不同團體的學生聊天，要是講師聽到他們所說的話，應該就能放下憂慮了。這些愛書並且想加入古書買賣的人求知若渴。這個業界機會稀少，幾乎不可能得到財富或地位，想走上這條路的人想必經常和理性過不去。詹姆斯常說，莎樂倫的格言應該是：「不一定要發瘋才能在這裡工作，不過，發瘋會好過一點。」

在我看來，永遠會有夠怪的人想要加入珍本書買賣，而我認為真正重要的是，即使當書商一家家收起店面，年紀比較大的前輩採取越來越隱蔽的生意模式，依然有人會設法傳承知識，例如來約克研習會講課。至於其他問題，我相信會船到橋頭自然直。

33 3D俄羅斯方塊

我經常利用坐火車的時間研究書籍買賣的資料，因為珍本書店員經常搭乘火車東奔西走。我要去一棟郊區住宅，好像是山莊之類的地方，因為一位偶爾光顧的客人表示想要釋出藏書。我很心急，因為蕾貝卡很可能已經在那裡等了。

雇用蕾貝卡時，我原本以為是因為文學部門要經手的書籍量太大，需要多一點人手，否則忙不過來。後來我的想法改變了，要處理那麼大量的書有兩種辦法：大量人手，或一個蕾貝卡。她來面試的時候我不在場，所以無法想像她說了什麼，不過，應該沒有人預料到她將帶來多大的變化。蕾貝卡這個人最重要的特點就是她非常勤奮，才剛來上班一個星期，就完成了安德魯拖延二十年的編目作業。他沒做完就扔在一邊，我接手之後又扔在一邊，就這樣又過了將近十年。這份工作交給她之後（我自以為很聰明，將工作交給別人，認定她也一樣會扔在一邊），一個下午就完成了。基本上，她似乎真心喜愛書本買賣，而我只是無奈忍受。我們兩個組成相當平衡的團隊。

鑑定藏書時，往往會一次派出兩個店員搭檔，但比起別人，我更習慣和蕾貝卡合作，因為我們都屬於文學部門。有時是因為藏書的量太大，一個人無法應付，有時是因為電話那頭的人感覺可能會用魔法陶器把你關在城堡裡，所以最好多一個人支援。無論如何，至少有個搭檔可以說說話，徵詢對方的意見，一起哀悼特別悽慘的書籍。

我和蕾貝卡去拜訪的那棟房子相當樸實，男屋主準備好熱茶招待我們（想要賣書的人請留意：如果希望來鑑定的書商心情好——更重要的是有買書的心情——先送上熱茶絕不會錯）。我們討論他的藏書，幾分鐘眼看變成一小時，我不禁懷疑他到底要不要帶我們去圖書室。蕾貝卡拿著筆記本，我十分佩服，因為我只有一個小簿子，通常我一臉認真裝忙時其實都在塗鴉。

終於他能講的話的都講完了，只好帶我們去看藏書，那個房間的一整面牆都塞滿了書。他憂傷地說，太太希望他處理掉這些書，因為他們要搬去比較小的房子，必須精簡物品。他似乎不太願意。他帶我們去其他幾個放書的房間，每一間都有好幾個滿滿的書櫃，而且一間比一間亂。有些根本進不去，因為書塞滿了門口，他必須巧妙地移動書本才能進出，很像3D俄羅斯方塊。我在書堆間跳來跳去，小心避免撞到，生怕會引起大雪崩，同時我對他的同情也越來越縮水。

忙碌了四個小時，我們只看完了其中一個房間的一個書架，挑出幾本書帶回店裡估價。一開始他的臉色很難看，但當他意識到我們沒有時間看其他書，表情又開朗起來。他匆匆忙忙送客，感謝我們特地來一趟，並且承諾之後可以再回來看其他書。

那天拿回去的幾本書完成付款之後，我們試著再次聯絡他，但至今依然沒有機會再次造訪。

地窖探險

我在莎樂倫工作將近一年之後，才知道還有「另一個地下室」。那時候，這個地下室還只屬於詹姆斯的陰森故事，公司裡所有值得知道的秘密他全都知道，並且靜靜守護。然而，有一天，書店需要拿放在裡面的東西，必須派一個膝蓋不會發出怪聲的年輕人去，於是我正式受到徵召，出征位在國王十字路（King's Cross）的「另一個地下室」。我明白，「另一個地下室」不是可以嘻皮笑臉的地方，也不可以抱著輕率的態度進去。那是另一個幽冥世界，詹姆斯則是那片地底巢穴的魔王。很奇怪，大家似乎都對「另一個地下室」興趣缺缺，只有難得需要取出放在裡面的重要物品才會請詹姆斯去一趟，其他時候就彷彿這個地方不存在。

根據編年史記載，在遙遠的二十世紀，一家名叫溫瑞布（Weinreb）的建築專業書店快要撐不下去了，而莎樂倫認為收購這家店是個好主意——這是常見的作法，尤其當信譽良好的書店因為老闆退休而歇業的時候——同時也買下了他們的所有庫存。全部。看到這裡，相信各位已經明白了，有頭有臉、歷史悠久的古書商很容易囤積大量毫不相關、莫名其妙、奇奇怪怪的玩意，而莎樂倫大手筆地同意支付現金，買下所有東西。我相信直到今天，溫瑞布在墳墓裡應該依然笑得合不攏嘴。我猜想，那時代的莎樂倫員工大概認為，溫瑞布庫存當中不好的那些，只要拿去地下室藏起來就沒問題，至少可以放個幾十年也不會被發現。結果證實，他們的想法很正確。溫瑞布庫存中好的書被挑出來賣掉，其他都送往另一個地下室，在那裡接受永世折磨。無論地下室裡原本放了什麼，總之，現在已經被溫瑞布庫存的各種建築相關雜物塞得滿到門口。從那之後，儘管歷經多次業界變化，另一個地下室逐漸變成混亂的寶庫，所有遭到店面放逐的東西全都送來這裡。對書本而言，被打入另一個地下室無異於死刑。

儘管如此，有時當年被認定絕對賣不掉的書，有一天還是會需要重見天日，一旦發生這種狀況，就必須派人進行這趟不愉快的旅程，進入黑暗的地底。由於倫敦西區的道路規畫，要去另一個地下室可以走很多不同的路徑。我個人認為，最快的方法是穿過蘇活區，從一家劇院後面的廢棄餐廳卸貨區出來，不過，我知道克里斯喜歡穿過一座陰森的公園，書籍修復師史蒂芬則喜歡慢慢逛過一條古老的商店街，沒有他帶路的時候，我自己怎樣也找不到這條街。蓋爾格每次去都走不同的路，雖然我沒有看過蕾貝卡去那裡，但我猜她應該會選最長的那條路，因為她似乎異常喜歡走路。有時詹姆斯會稱之為國王十字路的地下室，這麼說一點意義也沒有，因為那個地下室根本不在國王十字路附近。如果有讀者感到困惑，那就對了。理論上也可以開車過去，但如果不想困在走不出的單行道迷宮中而變成一把白骨，最好還是打消這個念頭。

抵達那條荒涼詭異的街道之後，接下來要找到一個公寓社區，這是多年前倫敦社宅熱那一陣子興建的。從外面看好像沒人住，但其實不然。只要手握正確的鑰匙，就可以打開大門，進入毫無裝飾的石板樓梯間，早已褪色的「當心小偷」告示依然掛在磚牆上持續斑駁。我猜還有人住在這裡，因為有人很認真照顧植物。有時也會聽到樓上公寓的聲響，如果等得夠久，也會有住戶從樓上飄然經過，投下太過巨大的影子。

要進入地下室，必須先找到下去的門——一道黑色欄杆鐵門，用有點故障的掛鎖鎖住[14]。知道技巧的人，就可以用一把看起來很不搭的鑰匙打開鎖頭取下——千萬要帶著鎖頭一起下去，否則會有路過的人把門鎖起來。從裡面開鎖的困難度高出非常多。我只能這麼說，幸虧我的手非常靈巧，否則現在恐怕依然被關在下面。石造螺旋梯往下進入黑暗深處。裡面沒有燈，不過，如果明智選擇在白天去，那麼黯淡的灰色日光可以照亮第一個轉角，讓古書店員能夠搞清楚方向。到了最底下，一個壁龕存放著廢棄的工具，看不出來是做什麼用的，還有一條地道通往一條三面封閉、但屋頂可以打開的走道。地道裡總是很潮濕——可能是因為漏水或排水管阻塞，造成地上總有惡臭積水，磚牆也總是濕答答。有時候積水的顏色會變得很鮮豔，我也無法解釋。地道兩旁每隔一段距離，就會出現黑漆漆的窗口與深藍油漆剝落的門，最後一扇門通往莎樂倫專用的地下室。這時要拿出第三把鑰匙，打開樣子很嚇人的掛鎖，門往內打開，裡面就是倉庫。

最先感受到的衝擊來自嗅覺。緊密堆疊數十年的書本，從來沒有人碰過，散發出一股獨特又有點刺鼻的臭味，即使把書拿走、移動書架，氣味依然不會消散。另一個地下室瀰漫著濃濃的這種臭味，換言之，只要一取下掛鎖、打開門，氣味就會撲面而來，讓

---

14 作者註：我經常被派去那個地下室，因為很少有人知道怎麼開這個掛鎖，而我正是其中之一。訣竅在於，要在正確的時機以正確的角度轉動手腕。

人措手不及。多年來，我們曾經無數次清理另一個地下室裡的雜物，但過幾個星期，又會有一堆亂七八糟的東西悄悄出現在裡面。破爛的箱子、裂成條狀的裝幀、命運多舛的插圖被拖到黑暗角落裡做窩[15]。每個角落都掛著蜘蛛網，有些沾了太多灰塵，感覺像布簾或裝飾用的布幔。在遙遠的過去，曾有個好心人弄來一排排鐵架放書，但隨著歲月流逝，鐵架逐漸生鏽，更添恐怖氣氛。要找東西，首先必須跳過前面幾排書（小心有超自然大蜘蛛出沒），然後仔細在架子上翻找。所有東西都沒有標籤。

這些年來，我很少有幸和別人一起去另一個地下室。除非要搬運大量書籍，否則派一個店員去就夠了。一個人去需要勇氣，因為整間地下室只有一個電燈開關（掛在亂七八糟電線上的一個黃燈泡），而且有隻蜘蛛看守，牠脾氣火爆，對地盤的執著強烈到令人害怕，我很不願意惹毛牠，生怕萬一哪天牠不吃書蟲改吃人。通常我們都會拿手電筒下去，在黑暗中高速翻找，目標是盡快完成工作，盡快離開這個鬼地方。然而，開門時的慌亂加上翻找箱子時的緊張焦急，讓人很容易忘記地窖女士的存在。

我稱呼她地窖女士，是因為我不記得她的名字，但根據可靠消息指出，她確實有名字。走道上那幾扇門當中有一間屬於她，旁邊還放著一個小盒子讓人投遞信件。據說她住在地下室，一直都是如此，問題是，沒有人想到要先跟我說，非得等到我自己遇上她。那天我在地下室拿著手電筒翻箱子找東西，雖然經常有稍微靈異的窸窣聲響，可能是窸窣怪在作祟，但不值得費心察看。於是乎，當暗處突然傳來充滿責難的聲音問——「你是誰？」——我的心跳差點停止，整個人跳起來一英尺，書本掉滿地。我腦中突然冒出大量回憶：每次聽見怪聲音我都告訴自己只是想像，安慰自己沒有別人在。各種毫無理性的畫面紛至沓來：巨大蜘蛛、紙箱怪物。

她又問了一次，我才想到要回答，因為（依然處在戰或逃模式中[16]）我本能地東張西望，尋找能充當武器的東西。她的個子不高，而且似乎很清楚她在這裡做什麼，只是不知道為什麼我會出現在這裡打擾她。「你是誰？」她又問了一次，這次語氣有點不耐煩。我努力擠出一點勇氣，說出我的名字。

「這間地下室屬於一家書店。」她指出，態度彷彿抓到我做壞事。「這是莎樂倫的

---

15 作者註：我從來沒有在地下室看過老鼠，家鼠和田鼠都沒有，這真的很奇怪，因為這裡明明有那麼多適合築巢的材料。我個人私下想出了兩個原因：一、老鼠（因為資源太豐富）發展出文明社會，組織出一套欺敵策略。二、地下室裡有非常恐怖的東西，所以老鼠不敢靠近。

16 譯註：生物面對壓力或危險時，身體會增加腎上腺素分泌，讓神經系統做出戰鬥或逃跑的反應。

地下室。」

我必須為自己辯護。「呃，我是莎樂倫的員工。」我的辯解很蒼白（畢竟我全身髒兮兮，而且比莎樂倫其他員工的平均年齡小二十歲）。

「你是員工？」她質疑地重複，謹慎地打量我。「我沒見過你。」

這是事實，我無從反駁，即使我想反駁也無法，因為我腦中依然瘋狂回想之前我以為只有自己一個人在這裡的時候。那些時候她也都在嗎？有多少次我走進黑暗中，全然不知道這個神秘女性近在咫尺？有一次我在這裡吃午餐，她也看到了嗎？我是不是該分她一點？在地下室遇到陌生人該怎麼做才合乎禮儀？我實在沒把握。

我的無助似乎引起她的憐憫。「在下面最好小心點。」她說。「千萬要記得把掛鎖一起帶進來。」她指著我隨手放在門口的鎖頭。「不然可能會被關在裡面。到處都有賊呀，你不知道嗎？」我默默點頭，她似乎認為這表示我們之間有默契了，於是她搖著頭往自己的地下室走去。我的表現實在差強人意，當我走到有光的地方，終於領悟到她只是好心來勸我要帶著鎖頭，以免被鎖在裡面。

我覺得很丟臉，夾著尾巴回書店。我以為同事至少會說他們也同樣丟臉過，於是我氣喘吁吁地告訴安德魯這段遭遇，沒想到他完全無動於衷。他實在太沒愛心了（我確信自己的描述十分生動刺激），於是我找詹姆斯再說一次，每當他覺得我掌握新概念的速度太慢時，都會用一種又氣又好笑的語氣，現在也一樣。他說，有位女士住在地下室，這不是理所當然的嗎？下次見到她記得要有禮貌。

幾個月之後，我們發現了還有「另一個另一個地下室」。依芙琳檢查財務紀錄時，發現我們其實一直在支付兩間黑暗地下室的租金，於是她以溫和又霸氣的獨特方式，詢問第二間有沒有在用。可想而知，根本沒有人記得還有第二間地下室。

於是乎，大家開始尋找鑰匙。我們打開每個抽屜、檢查每個鑰匙圈，挑出可能的選擇，然後組成探險隊。我們走了一小段路，風景不錯，然後其中一支鑰匙順利打開門鎖，幾十年沒動過的門嘎嘎開啟。這間地下室灰塵密布，我必須承認，原本期待裡面會有寶藏，至少有一箱揭露醜聞的信件。沒想到我們找到的東西卻是：一個塑膠整理箱（一半泡在黑漆漆的水裡）、幾個詭異的空畫框，還有一個大型檔案櫃，裡面全都是屬於一家敵對書店的文件。整體而言，感覺像是三十年前有人去敵對書店搶劫，但是搶錯東西。

35 取得學歷

當我告訴家人親友自己即將進入珍本書業界，我猜他們應該想不到有一天我會用肩膀硬推開門，走進荒廢骯髒的地下室。我敢說，成為學徒幾年之後，他們大概期待我至少要穿上花呢外套，說不定甚至有足夠的收入獨自承租公寓。我媽媽不太樂見我選的職業，而我埋在書堆裡很難反駁。毫無疑問，她認為比起我一敗塗地夾著尾巴回去禍害她的房子，這份工作還是比較好的選擇，不過我認為，她對我的期望應該不是一貧如洗的古書店員。在她看來，問題根源在於我欠缺高等教育學歷，所以才無法脫離書店去更好的地方任職，例如圖書館。我之所以沒有上大學，有幾個原因——雖然當時還沒有診斷出來，但我已經受猝睡症所苦，導致一連串的考試都以「不及格」收場，使得原本已經申請到的大學入學資格也泡湯了，而這也是我當初不得不成為學徒的原因。當時我無計可施，而我也樂於就這樣算了，從不回頭惋惜那條學術之路。

等到我在莎樂倫工作的時間夠久，終於站穩腳步，開始覺得多少掌握到要訣，又有人開始問我對未來有怎樣的展望，我實在不忍心告訴他們，根本沒有展望。我選擇的這個職業生涯，包含了最後死於營養不良或其他疾病。

這個問題的本身就是誤解。不屬於珍本書世界的人，會以為珍本書店的工作經驗有助於讓人進入相關的機構，例如圖書館或檔案館（其實很合理）。他們的想法並不傻，只是大部分的人都不知道，珍本書行業的每一個分支都有獨特的專業證照要求，必須符合資格才有機會跳進去，第一次聽說這件事的人都會嚇一跳。在所有珍本書相關的工作中，書店的資格門檻最低，沒有什麼監督機制，對於一般的書籍相關機構，如果無法拿出「圖書管理」或「博物館相關陰謀詭計」之類的相關高等教育學歷，對他們而言，在書店工作過的經歷和在礦坑工作過是一樣的。我在聊天時不小心提起這件事，於是乎，我該尋求高等教育這件事再次浮上檯面。

我頑抗了一年，最後不得不認輸，滿懷怨念上網尋覓可以一邊上班一邊進修的課程，我不想放棄獨立自主。雖然說，我的薪水只夠租朋友家裡的一個小儲藏室[17]，但我說什麼也不願放棄得來不易的獨立生活。因此，如果要進修，必須配合我在莎樂倫的工作時間。最好是相關科目。我猜你們應該已經看出有多難了吧？時間有彈性、學費不太貴、從莎樂倫走路就能抵達，光是要符合這幾個條件就夠難了，更別說還必須與珍本書行業相關。

沒想到還真的有一個。

英國語文研究所（The Institute of English Studies），位在熱鬧滾滾的布倫斯伯理區（Bloomsbury），距離莎樂倫非常近，他們提供圖書史的碩士課程，這個專業其實我沒有資格申請，因為我沒有學士資格。如此一來，這個課程更是完美的目標，因為我可以擺出努力申請的架勢，但是因為資格不符而失敗，這樣大家就會認為我盡力了，心滿意足地放過我。唉，可惜我的邪惡計畫遺漏了兩個變數。第一、我總是在最不想成功的時候不小心成功，第二、辛西亞。

我聯絡學校的時候，真心以為會立刻被拒絕，連正式通知都不會有。換作其他學校一定會是這樣。可惜我的運氣實在太好，那封客氣要求面談的電子郵件落入辛西亞手中，出於她對自己的要求，她邀請我過去談談，狀況從此一發不可收拾。

英國語文研究所的辦公室在一棟裝飾藝術風格的巴別塔中，那棟樓一般稱之為倫敦大學理事會大樓，矗立於樹木茂盛的布倫斯伯理大學區。即使在沉悶的秋季，這裡依然很美，一踏入中庭，我最先感受到的就是寂靜。如果不是我每天在書店早已習慣了這種氣氛，可能會因為壓迫感而自慚形穢。這是屬於莎樂倫的那種寂靜，那種奇異、壓抑的氣氛，來自於那些埋首研究的學者，他們一心只想與書本為伍，卻被迫與大眾交流。這樣的氣氛反而讓我生出莫名的信心。我在辦公室迷宮裡走了很久，每一間都長得一模一樣，堆滿參考書籍，裡面的人顯然很希望我不會進去打擾他們，最後我終於找到辛西亞的辦公室。到了這時候，我已經判定這裡是最適合我受教育的地方，因為每個人的個性都像我一樣。

要如何形容辛西亞這個人呢？恐怕我的能力不足以正確描述。珍本書世界中，我所熱愛的一切濃縮起來化作人形，這就是辛西亞。這樣的氣質籠罩著她，而她優雅背負。

17 作者註：因為天花板是斜的，我在房間裡無法站直。我認為這個房間原本的用途應該是煤炭儲藏室。每次只要回到那個地區，我依然會去住那個房間，畢竟已經有感情了，而且房東非常會煮飯，加上自從我搬出去之後，房間變得整潔多了。

遇見她之前，我也不知道自己對學術界有什麼想法，但我肯定在某個程度上說服自己，那是無法企及的天地。辛西亞說話的語調柔和而堅定，經常流露冷幽默，她的語氣彷彿總是在輕輕搖頭，彷彿暗藏著什麼超級有趣的笑點，但只有她一個人知道。那種感覺就像遇上了各方面都很相似的同類，在我看來，這樣的人明白：一、所有事都很煩，二、有時候雖然煩但絕對值得。

從我入學到畢業的過程非常曲折，本身就可以寫成一本回憶錄，不過這裡先簡單彙整一下。我花了四年的時間千辛萬苦讀完原本只需要兩年的課程，每當我遇上難關，辛西亞便會挺身而出，無論是報告遲交、臨時需要指導與意見，她都會幫忙。甚至當我早已不是屬於她的責任，而且實在讀了太久還無法畢業，她依然願意伸出援手。

我是很糟糕的研究生，明目張膽漠視學術研究的傳統，但這種性格反而讓我成為不錯的古書店員。儘管如此，我利用晚上與週末的時間讀書。這可能是我人生中第一次如此努力，而我的付出也得到良好回報。辛西亞默默給我一份獎學金申請書，最後那筆錢支付了我的全額學費。我相信一定也是辛西亞說服了入學申請委員會，即使我的資格嚴重不符，依然願意讓我入學[18]。最後，依然是辛西亞找到正確的行政部門，讓我能夠延長就學期限，我才能夠拖著自己無比可悲、歷盡滄桑的軀殼終於抵達終點。

現在的我擁有引以為榮的碩士學位，象徵我辛辛苦苦學到的專業知識。我將這一切回饋給莎樂倫，心中明白絕不會因此得到加薪。

18 作者註：費盡心力幫助我的老師不只辛西亞一個，很多老師特地給我額外的教材，將私人藏書借給我。整個圖書史學系洋溢著一種調皮的歡樂，書店的同事也是這樣，讓我很有回家的感覺。

西倉鴞，大致已死亡，但狀態依然甚佳。有幾處褪色，但經巧妙手法保存。附贈裝飾用鐘型罩，不加收額外費用。

自然史

動物寓言故事，包含各常見物種，記錄多項品種，以及各類文學中的奇珍異獸。

自然史部門包羅萬象，所有地上爬的、空中飛的、水裡游的，加上所有稍微和科學沾上邊的東西。還望海涵。十七世紀探討臭蟲的書籍與《時間簡史》[1]看似毫不相關，但是在莎樂倫，這兩者基本上是同一本書，只是放大倍率不同。

1 譯註：英國物理學家史蒂芬・霍金（Stephen Hawking）於一九八八年編寫的科普圖書。講述關於宇宙的起源和命運。

36

派對

與大眾的認知不同，或許也與我到目前所呈現的古書店員形象大相徑庭——莎樂倫也會在打烊之後舉辦酒會。倘若我之前暗示過書店的業主「大人物」疏遠難以親近，那麼現在我要更正一下，因為他們有時會駕臨莎樂倫舉辦派對或新書發表會，只是次數非常稀少。

我一直相信，值得特別去認識的那些人，一定都很喜歡待在書店。或許我的立場有些偏頗，但我實在想不出更適合消磨時間的地方。書店面積廣大、氣氛靜謐，非常適合舉辦各種活動，即使不見得一定與書本相關。此外，既然有能力可以辦活動，而且剛好擁有一家氣氛絕佳的古書店，何樂而不為？畢竟買下書店就是為了這個目的嘛。要是我擁有一家書店，應該也會用來開派對（前提是我能強迫自己社交）。

「大人物」規畫這些活動時一向很大方，而且每一次他們都會客氣要求店員幫忙，我懷疑他們是不是罹患了嚴重的健忘症。相信這本書已經讓讀者充分瞭解，會淪落到珍本書業界的人都是怪咖，那麼各位一定能夠想像，當有人要求店員供應飲料、幫忙掛外套、整理店面準備舉辦上流活動，他們會有怎樣的反應——基本上，幾乎完全沒有反應，所有人都假裝沒有這回事，硬是拖延到活動開始前幾個小時。我猜想每次辦活動時，「大人物」大概都想著這次書店一定會做好準備吧？在我看來，這種過度樂觀的想法簡直是自取滅亡。

每次賓客到來之前，書店必須先解除那些太過明顯的威脅，並且徹底檢查店面，將高度危險的設備拿走或藏起來。梯子與厚重書本要先移開，以免掉下來砸到賓客[2]。愛搗亂的工藝品利刃全部收進抽屜裡。將不正確的名牌發給所有員工。根據活動性質，以及剛好從抽屜裡拿到的名牌，我可能是麥克，甚至黛西。箱子隨便塞到桌子底下，有些

2 作者註：我也不知道那些年老體衰的人是怎麼回事，他們似乎特別容易被危險的梯子吸引。一定要小心藏好所有可以往上爬的東西，否則最後一定會有八十多歲的探險家笑呵呵爬上去，搖搖晃晃站在危險至極的三英尺高處，搞得店員不得不大喊：「貝克曼先生，請快點下來。」

還露出一部分，有如害人摔倒的陷阱。

最重要的是，必須找出藏在各處的書籍與工藝品。如果你曾經有過這樣的經驗，親戚硬塞來你根本不想要的沒用小東西，但你又惹不起對方，那麼，你一定也採取過這樣的策略。我們會根據賓客名單，挖出那些平時藏得很好、完全看不見的東西，例如賓客（或他們的親戚）寫的書，多年前出版時捐了很多本給書店。巨型香檳酒瓶，雖然裡面的酒很快就喝光了。還有一些必須藏起來的東西，因為是上一次舉辦派對時賓客留在店裡的東西，我們不希望有人問為什麼留著這麼久還不聯絡對方取回。

每次活動前匆忙整理的過程中，詹姆斯總是會特別提起，莎樂倫的派對是高雅低調的場合，賓客會在下午五點整悠哉入場，七點整離開去用晚餐。他很重視這件事，因為我們必須提早一小時打烊以配合派對時間，他對這件事深惡痛絕，總是不停地喃喃嘀咕抱怨。

四點五十五分左右，賓客陸續抵達，他們有些跼促不安地走進店裡，似乎不確定有沒有找錯地方。只有第一次參加莎樂倫派對的人才會提早到達，之後就學乖了。因為時間還不到五點，他們只能緊張兮兮在店裡轉來轉去，等到時鐘敲響五點，詹姆斯才會撲過去，堅持要他們把帽子交出來。如果有人去賈恩迪斯借來書店界唯一的帽架，那麼，一定會藏在地下室看不見的地方，讓賓客享受尋找帽子的樂趣。大部分的賓客都會堅持自己拿著，生怕只要一放下巨大的帽子，即使只是一下子，可能就會從此再也找不到了。他們的想法非常正確。

隨著賓客漸漸抵達，一些毫不相關的人也會混水摸魚溜進來。書店辦酒會的時候，很少會張貼告示表明是私人活動，因此會有外人混進來其實是必然的結果。臨時上門的顧客、大批好奇的觀光客，加上偶爾會出現的書店怪客，飽受驚嚇的賓客與如狼似虎的常客愉快地摩肩擦踵，那些常客跑來大多是因為有免費的酒，加上很容易抓到願意聽他們說話的人。舉辦任何活動之前，我們多少都會設法不讓那些異世界來的不速之客得知書店即將舉辦派對，不過最後難免還是會發現推銷員混進來，將卡斯特布理齊公爵困在角落，企圖將一本關於銅板印刷的糟糕書籍賣給他。

除此之外，賓客也必須忍受店員。當然啦，不是因為店員很髒，大致上我們還算乾淨。不過呢，在這一行待久了，靈魂會逐漸枯萎，整個人有點脫線，即使成功找到夾在《英國手工裝幀史》裡面當書籤的領帶，依然無法掩飾店員的怪。光陰加上長期接觸書籍，古書店員即使曾經有過光鮮亮麗的外表，也會慢慢消失，只留下有點邋遢卻非常真實的部分。說了這麼多，其實只是想要表達，強迫古書店員主持上流社交活動，就好比邀請女王出席怪獸卡車拉力大賽——雖然有趣，但就是不對勁。

這些年來，「大人物」漸漸不再要求莎樂倫的員工協助辦理活動，雖然說或許這樣對大家都好，但我依然有一點點傷心，因為以前我要鎖門回家的時候，會刻意慢慢降下鐵捲門，看著一堆人跑來跑去找毛皮大衣，然後從門下面鑽出去。以後我再也無法享有這種樂趣了。

37 騷亂

當暴力來襲，除非真的直面遇上，否則誰也不知道自己會有什麼反應。你懷有偉大的幻想，以為自己可以硬起來，拿著磨利的書籤當作武器斥退鬧事的人。然而，實際上，暴力是在古書店最意想不到的事。

很少有青少年獨自出現在莎樂倫。呃，其實有，但一般臉上都燃燒著對書本的熱愛，因為太常躲在被窩裡瞇著眼睛偷看書所以視力不好——這樣的青少年不需要擔心，他們只會一臉崇敬地默默參觀，他們不會用閃光燈拍照，也不會大聲交談。至於其他沒有成人陪同的兒童，尤其是想要惹事的那種，往往一眼就能看出來。青少年像成人一樣，很少有人敢闖入死寂的書店，並且在所有店員的冷眼瞪視下胡鬧。

因此我沉溺在虛假的安全感中。雖然書店有很多怪物和更怪的顧客，但很難得感受到急迫或威脅。日常中的緊急事件頂多是不小心把同一本書賣給兩個人，即使如此，依然有一、兩天的時間可以思考該如何處理[3]。一天下午，這種滅亡前的寧靜突然被剝奪，街頭的喧譁吵鬧闖入慌張的寂靜暗處。濃厚愛爾蘭口音的人在爭吵，顯然因為他們所重視的事而不高興，聲音逐漸接近書店，輪流嗆聲，有如兩個拳擊手在掂量對方的實力。我瞥見詹姆斯拿出「愛爾蘭箱」[4]。

店門猛然打開，兩個大吼大叫的青少年闖進來，那個年紀的孩子面對所有事都非常笨拙、憤怒喧譁，他們眼看就要動手了，只是雙方都找不到適合揮出第一拳的時機，但他們已經開始羞辱對方的母親，看來不可能和平解決了。那兩個人闖進店裡，以充滿抑揚頓挫的口音大罵髒話，語氣越來越激動，顯然一場惡鬥勢不可免。

不得不說他們實在很了不起，即使面對令人膽寒的寂靜，他們依然很快就找回節奏繼續吵，一般人通常會呆住。一般而言，即使有膽量大吼大叫走進店裡，也會因為四周迴盪的死寂而瞬間癱瘓，但對戰的精神讓這兩個人勇氣十足，而且他們還朝我的座位走來。我的座位在樓梯前，剛好一進門就會看到的地方，我驚覺自己成為第一道防線。在此之前，我從來沒有執行過這項任務。當命運從門口朝我直衝而來，我瞬間領悟到自己一直處在幸福的自我欺騙狀態中，徹底忽視從事零售業的真實面。

時間凝結。我苦惱許久，到底該不該投入時間與精力去制止這場醞釀中的災難，這麼做真的明智嗎？時間慢慢過去，我思考之前學過的一切，以及同事樹立的典範。我思考莎樂倫的百年傳承，古書買賣的傑出傳統，以及我對雇主的責任。

讀者啊，我選擇不干涉。我消失在背景中，那樣平靜自得的態度一定會贏得詹姆斯的稱讚，可惜他忙著在一堆康拉德（Conrad）[5]著作下方尋找愛爾蘭箱。那兩個吵架的人越吵越認真，互相追打往樓梯跑去。我也不懂他們為什麼那麼做，好像甚至沒有察覺大家都在看他們。那兩個人經過我旁邊衝下樓，大家明顯鬆了一口氣，彷彿在另一個樓層發生的事，就像發生在另一個宇宙一樣。那兩個人八成以為樓下的人一樣會毫不反抗，可惜他們遇上了理查。

3 作者註：賣給你比較喜歡的那個。

4 作者註：詹姆斯為各種事故預作準備，其中包括一個裝著愛爾蘭相關事物的小箱子，裡面放著愛爾蘭的資料、著作、地圖、以及各種小東西。他從來沒有好好解釋過為何愛爾蘭得到如此的特殊待遇（也可以說是隔離），但用上這個箱子的次數多得驚人。

5 譯註：波蘭裔英國小說家，名列最偉大的英文作家。

雖然莎樂倫是書店，但也有藝廊展示空間，並且出售年代久遠的印刷品。不復記憶的古早時代，莎樂倫甚至有獨立運作的印刷藝廊，但現在只在店面的地下樓層低調經營。理查多少負責這個部門，他有一櫃又一櫃的版畫、插圖、海報，其中一些掛出來裝飾牆面，在數不清的書櫃中間製造空間，增添非常需要的色彩。他直到現在才登場，大家或許會覺得奇怪，但是要知道，他是個非常理性的人，盡可能和書本保持距離。理查和店裡的其他人不一樣，總是將海報整理得井井有條。他的所有抽屜都貼了標籤。交易完成之後，他會拿一個小信封裝進所有相關資料。版畫部門好比平行宇宙，那裡的人們會做紀錄、確認存貨、大致掌握人生。

理查通常都坐在海報櫃前面整整齊齊的辦公桌後面，認真做紀錄、仔細做測量，不然就是到處尋找被偷走的文具[6]。很少有什麼事能讓理查離開座位，頂多只有非常紳士地幫所有人泡茶的時候：他每次要去泡茶，都會先問過店裡其他員工要不要喝。這些年來我喝了他泡的很多茶，但一次也沒有幫他泡過。我心中一直惴惴不安，生怕他其實是在累積人情債，等到我最意想不到的時候，突然要我還價值一千杯茶的超大人情。

當他有理由必須離開座位時，才會看出他其實比想像中高很多。在所有員工當中，我認為他是最難動搖的人，無論什麼事他都淡然處之，很少有能讓他吃驚的狀況。我認為他入錯行了，他絕對是天生的低語馴馬師（horse whisperer）或邪教領袖。當他說話的時候，語氣流露平靜的自信，總讓人不由自主信服。你說什麼，理查？明天太陽不會升起？呃，既然理查這麼冷靜，應該不會怎樣啦。

那兩個吵架的人跑到地下樓層，開始不太認真地互毆，有時候爭執中的人會發現不出手很丟臉，於是只好敷衍一下，就是那種感覺。他們的打鬥沒有技巧可言，和電影上經過編排的格鬥場面相距十萬八千里。現實中的打架相當難看，笨拙又粗魯，所以他們雖然一路打到地下樓層，但實際上並沒有造成太嚴重的傷勢，頂多只是互搧巴掌、丟人現眼。眼看就要輸掉的那一個顯然意識到自己落了下風，於是開始東張西望找武器想扳回一城。

現場有各式各樣的選擇，數量也真的很多。他可以拿起塞在蓋爾格座位下的巨大金屬缽，也可以挑一把史蒂芬到處亂放的工藝品大刀。更別說隨處都有厚重書本，還有一張很醜的椅子，雖然已經不能坐了，但非常適合當作打人的鈍器。說真的，他的選擇簡

6 作者註：是我。是我偷的。

直多到誇張。事實上，倘若他選了上述任何一項，絕不會有人出面干預。可惜那個不懂事的孩子，偏偏從理查小心捲起堆放的版畫中拿起一卷。那個落敗的人到底想拿版畫做什麼，至今依然是不解之謎，因為這個選擇根本無法製造有效的攻擊。他才剛拿起那細細的一卷紙張舉起，一道影子落在他身上，那兩個打架的人很可能第一次意識到還有別人在場。

兩個莫名其妙的傢伙弄亂了他好不容易整理出的秩序，很可能喚醒了理查平靜心靈深處暗藏的憤慨，雖然他很難得表現出來，但想必十分強烈。換作普通人，應該會直接出手搶畫，即使會造成損壞也在所不惜，但理查沒有那麼傻。他只是站起來，擺出驚人的架勢，然後以平常的態度告訴那兩個人，那幅畫真的非常貴。

兩個年輕人東張西望。理查在那一刻極度冷靜的表情讓他們猶豫了。那兩個人輕輕將畫放回去，含糊道歉，我從來沒有看過任何人以那種速度跑出書店，因為太急著想離開，上樓梯時跌跌撞撞，最後更是整個人摔出門外。

從那之後，我一直努力地模仿那令人生畏的眼神，可惜我沒有理查那種不怒自威的氣質。

38 更嚴重的騷亂

一天傍晚，當路燈亮起，太陽剛開始在薩克維爾街落下，有如初步階段的芬布爾之冬[7]，一個男人走進店裡，一身昂貴西裝，一臉自以為是。從他體內發出的各種奇怪聲響，在寂靜的書店裡更被放大。他全身散發出奧客的氣息，因此店員紛紛閃避，任由他在店裡走來走去、撞倒東西。他在店裡橫衝直撞，並且開始大吼大叫。有些客人就是不會走到店員身邊壓低音量發問——他們喜歡用吼的。這個人就是。沒過多久，他開始大聲發問，證明他不只是奧客，而且還絕對是那種罕見又討厭的藏書家，特別喜歡沉溺於人性中的醜惡，而且只從書裡偷偷窺探。或許是我太沒用，但在那一刻，我動彈不得。

7 譯註：北歐神話中，世界末日「諸神黃昏」前的預兆，意為「漫長的冬天」。

我從來沒有把客人趕出去過，我不知道該如何處理。

在珍本書店工作的人，遲早會遇上令人難以接受的書籍。種族歧視、納粹，所有人性黑暗面都是書籍交易的一部分，那些出於不同理由想要取得這些書籍的顧客也一樣。只要看看珍本書店的書架，就能明白人類在這顆漂浮的岩石星球上，對彼此做過多少恐怖的行為。經手敏感資料時，必須有心理準備，要在很短的時間內做出合理的決定，判斷如何處理主題很棘手的書籍。經常有人打電話來店裡詢問各種令人不舒服的書籍，該如何回答見仁見智。我曾經接到一通電話，我在此引用對方的原話：「祈禱讓同性戀消失的書籍。」我嚴正告知不可能賣給他這種書，於是他改為要求「證明猶太人控制氣候的書」。我承認，聽到這裡我便掛斷電話。我們在莎樂倫接到過更奇怪、更令人厭惡的要求，或許我們應該引以為戒才對。不過我離題了。

我剛來莎樂倫的時候，店裡處理種族主義與這一類書籍的普遍方式是收進櫃子裡不公開展示，這個作法似乎讓所有人都相當滿意。一開始，我以為既然是書店，我們便無法選擇把書賣給誰——通常只要有錢，就能買到想要的書。儘管如此，我們還是費盡功夫，盡可能將牽涉敏感問題的書籍賣給研究機構，那些會以正確脈絡探討，並且出於正確理由保存的地方。書籍本身是否「恰當」，這個問題基本上不存在——所有書都有教育意義，但不同人從中學到的東西卻大相徑庭。說到這裡，我想起一本曾經屬於演員瑪琳・黛德麗（Marlene Dietrich）[8]的希特勒自傳《我的奮鬥》（*Mein Kampf*）。那本書非常邪惡，這個世界不需要更多本，但屬於她的這一本，卻因為其中的背景而更顯重要[9]。如果交給正確的單位收藏，或許還值得保存，如此一來，我們銷售這本書時就必須放在正確的脈絡中。

這些道理都值得思考，不過我認為，那個最重要的核心規範凌駕所有考量：不賣書給納粹。書店不是法庭。身為暫時保管書籍的人，必須運用自己的判斷力決定賣給誰，而且既然不是法庭，也就不需要理由。賣書給種族主義分子，只會引來更多這種人。當遇上關於納粹大屠殺之類敏感主題的書籍，書店有責任交付給適當的機構或蒐藏家，而且必須注意對方是否可能將書毀去（沒錯，絕對有可能）。肯定有人會嗤之以鼻——

---

8 譯註：德國女演員，後來前往美國發展，納粹宣傳部長戈培爾（Paul Joseph Goebbels）重金延攬，但她堅持反納粹立場。二戰期間她投身人道主義事業，為德國及法國避難和流亡者提供住所和經濟支持。

9 作者註：黛德麗堅定反對納粹，這本書是她在好萊塢發展時，由《西線無戰事》（*All Quiet on the Western Front*）的作者埃里希・瑪利亞・雷馬克（Enrich Maria Remarque）致贈，象徵兩人的祖國德國陷落於納粹之手。莎樂倫一直嚴格規定不與納粹交易。納粹沒資格擁有書本與書店這樣美好的東西。

「書本的主人是否有責任感，不該由你們判定。」確實，我們不會發問卷給所有踏進書店的人，我們會假設所有人都有良知，直到他們露出真面目。儘管如此，如果外表像鵝、聲音像鵝、走路像鵝[10]，那麼八成就是納粹沒錯，而且當我說「我們不賣書給種族主義分子」的時候，只有一種人會抱怨，無論現在他們用的是什麼名號。

幸好顧客其實很難分辨店員是否故意不賣東西給他們。如果我們不想賣書給特別惡劣的人，那他們就會遭遇絕對合理的重重難關，而且無法證明這些麻煩不是書店日常會發生的狀況。那些不擅隱藏本性的人會發現，無論他們想買什麼，店員都會說「那本書不見了」或者「已經有人訂了，剛才是我弄錯了」，不然就是堅持說「我們店裡沒有關於非洲的書籍」，同時被引導離開標示「非洲」的書架。簡單地說，基本上這些店員會表現得好像想要賣東西給你。

說到這裡，再回到那個人身上吧。

像平常一樣，詹姆斯挺身而出救援，宛如死亡天使降臨。至今我從來沒看過詹姆斯拒絕賣東西。無論顧客提出怎樣的要求，他都能泰然處之，而且無論如何都能挖出至少一本相關的書籍賣給對方。然而，這一天，他無意銷售。他以熟練並且幾乎安靜無聲的動作，彷彿老牧羊人驅趕一隻羊，短短幾分鐘就讓那個人轉身離開，我相信那傢伙到最後都沒搞清楚發生了什麼事。

詹姆斯可能不懂人際來往的繁文縟節，也不想為任何使命衝鋒陷陣，但是在我看來，他的行為證實了一件事——所有書店都必須劃出明確的界線，選擇不將書賣給怎樣的人，而那些選擇有時會塑造我們存在的世界。珍本書行業雖然看似存在於專屬的天地，但事實並非如此。千千萬萬縷看不見的絲線，讓我們與真實世界緊密連結，每次我們將主題令人不快的書籍交付給正確的地方，或是阻止恐同的人在店裡買書，這些都是邁向正確道路的一小步。

10 譯註：軍隊的正步也稱為「鵝步」（Goose step）。希特勒認為正步走能夠強而有力地整頓紀律，於是一九二〇年代，希特勒在納粹黨的衝鋒隊內部率先推行普魯士軍隊的正步走。一九三三年，納粹黨執政後，正步正式成為了納粹黨黨衛軍和納粹德國國防軍的步法。在英語國家中，「鵝步」這個詞與納粹脫離不了關係。

39 新婚禮物

距離打烊只剩十分鐘，那位小姐進來了，手中大包小包，全都是倫敦各地高級精品店的紙袋。巨大的帽子遮住半張臉，她手忙腳亂地倉促走進店門，大家都來不及過去招呼，她把所有東西往地上一放，有種快要崩潰的感覺。於是我儘管萬分不願意，依然過去幫忙[11]。

「我要買禮物。」她氣勢洶洶地對我說，眼神非常可怕，要不是我即時避開，可能會變成石頭。她繼續盯著我，有點恍神地睜大眼睛，看來她不打算出力解決問題。我結結巴巴說快要打烊了，但是她徹底忽視，脫下毛皮大衣掛在貓頭鷹大衛滿是灰塵的鐘形罩上。

我難得積極主動，因為我很想快點打烊回家，因此犯了一個大錯：我問她想找什麼書。「呃，他蒐藏書。」她相當無力地回答。她看看四周橫跨各個年代的書山書海，皺起眉頭，看得出來她決定既然連自己都搞不清楚要找什麼，乾脆把問題丟給別人好了。「我要買一本書送他。」她重複。「好書。你懂吧？」

我不懂。來珍本書店的客人經常會這樣——他們信心滿滿進來買書，因為他們知道親朋好友蒐藏書，但進來店裡才驚覺，平常根本沒有在聽那個人說他蒐藏什麼書。相較於跑去店裡買一盒高級手工肥皂或威士忌，買書送人非常麻煩，不能只是胡亂買一本，希望剛好合對方的心意。選對了可以展現出你有多瞭解對方，深知他們的愛好、政治觀……他們的自我認知。選錯了則會讓對方發現，你對他們毫不關心。

「我老公很認真在蒐藏書。」她堅持，繼續四處張望，似乎希望答案會從天而降。「他很重視他的書。所以我想買一本好書送他。」我只能點頭，因為此時唯一該說的那句話，其實是「那為什麼妳不知道他蒐藏什麼書？」，但真的不適合說出口，因為我希望她盡快離開。顧客不知道該買什麼書的時候，都會說要買「好書」或「很棒的書」，

11 作者註：而且我發現推銷員在外面徘徊，我不想又上他的當，花光店裡全部的錢。

大概希望店員會拿出水晶球占卜，然後施展魔力變出正確答案。

幸好店員真的會施展小奇蹟。訣竅在於，要帶著一頭霧水的可憐顧客在店裡到處逛，小心留意他們的眼神是否流露出熟悉的神情。看到熟悉的書，他們會鬆一口氣，因為沒有人希望在慶祝結婚週年時買錯禮物。

一般人可能會認為藏書家都是偏執狂，非常孤僻，一定獨自住在受詛咒的城堡裡，從來沒有感受過其他人類的擁抱。然而，藏書家的人生依然像其他人一樣圍繞著家人轉，因此他們所選的配偶，遲早有一天會懷抱著一千個疑問跑進書店，一頭栽進書本世界的冰冷深水中，而且沒有穿救生衣。人就是願意為愛犧牲。至於他們是否能成功買到對的禮物，端看他們和怎樣的藏書家共結連理。配偶是德古拉的人，註定會遭遇很大的難題，因為他們能選的禮物範圍很窄，很可能會無意中買到主題不對的書，或是對方已經有的書。藏書家的書越多，家人在節慶與生日時的壓力越大。史矛革比較容易取悅，因為他們蒐藏的範圍比較廣，因此如果運氣不錯，家人往往可以放手賭一把，選擇大致上符合他們喜好主題的書籍，說不定就能順利讓對方開心。

無論這樣的難題看起來多苦惱，但還有一種更慘的狀況，也就是藏書家選擇共度人生的對象認為他們的嗜好既奢侈又麻煩。

大約每隔三個月，都會有一位男士登門，他的模樣像穿著毛衣的田鼠——如果田鼠能夠活到七十歲，而且擁有奧運體操選手的柔軟度的話。他穿著大大的連帽外套，身後總是拖著一個小行李箱，他來的時候箱子的聲音會比較大，因為裡面是空的。他鬼鬼祟祟地在店裡迅速移動，尋找植物相關的書籍（他喜歡這個主題），慎重選出一堆可以整齊塞進行李箱的書，每次他都會激動地解釋，他必須把書偽裝成其他東西，這樣才不會太過明顯。通常我都會給他一些報紙，或是用別的東西包裝，以免被發現裡面裝著書，不過即使包裝過，形狀依然非常疑似書。他得意洋洋地把書全部整齊裝進行李箱，露出壞壞的笑容告訴我們，要是被老婆抓到，他就完蛋了。他用現金付帳，因為不想留下書面證據，由此可見這對夫妻貓捉老鼠的遊戲有多激烈。

這個故事最悲哀的部分在於，每個星期都會發生好幾次。藏書家的世界中，似乎五成的人都和另一半在進行漫長的拉鋸戰。學徒生涯後期，我去一戶人家鑑定藏書，那位老兄的書整整堆了三層樓（其中一個房間還必須在書堆間跳來跳去才能移動）。他之所以要賣書，單純因為妻子堅持要他清出一點空間。我們買了大約三十本，然後他就人間蒸發，再也聯絡不上了。當初我們帶那些書離開時，他的表情痛苦無比，我就猜到他應該不會再賣了。

簡單地說，問題在於搜藏書籍不僅只是休閒嗜好而已。大部分的藏書都需要很大的空間，如此一來，共同生活的人要能夠體諒，如果是共犯就更好了，因為餘生他們都必須與你那個超佔空間的愛好搏鬥，想盡辦法清出空間，直到最終有一天他們被對開本大書絆倒，跌下樓梯慘死。

這個難題只有一個解方：建議所有藏書家與世人隔絕。這麼做絕對能夠避免批判，百試百靈。唉，可惜藏書家的人生註定難以躲過浪漫戀情，因為現代人普遍認為書店是適合搭訕的地方，都是那些浪漫喜劇電影害的。

至於那位巨大帽子女士，最後我們成功幫她找到一份很好的禮物，我們使用了經過無數次驗證的絕佳辦法：搬出一堆主題各異、作者不同的書籍，直到其中一本封面燙金的量足以讓她滿意。就算他不喜歡，那麼，至少她也可以開心欣賞。

40 信件

莎樂倫經常會收到莫名其妙的信件——寄錯的商業郵件（收件人大多是已經離職很多年的前員工），其他書店也持續不斷寄目錄過來，企圖誘拐我們增加更多存貨。身為學徒，我是阻隔外面那個恐怖世界的第一道防線，因此有一陣子負責為信件找到正確的收件人。或許是因為我們太常收到重量驚人的大包裹，郵差便習慣將不想處理的信件也塞到我們這裡。這造成我很大的困擾，首先，我得拿著一堆信件在店裡找收件人，而他們往往根本不想收下，然後還要拿著信件出門，努力尋找正確的收件人。

那些信件當中，通常很多是手寫的，因為我們很難說服年紀比較大的顧客以電子郵件聯絡，更別說他們當中很多人根本沒有電腦。有些人甚至還在努力學習算盤這種科技產品的概念。無論如何，手寫信件的新鮮感永不褪色，因為在拆開信封之前，永遠無法得知內容是關於什麼，對方可能要求你做一件非常麻煩的事，也可能是要客訴。最棒的那些都會用封蠟，我會盡可能先拆閱，因為我欣賞他們的行為，所以要給予獎勵。

運氣非常好的時候，我們會收到最值得珍惜的信件：手寫感謝函。我將所有收到的感謝函收藏在一個資料夾裡，覺得太辛苦的時候會拿出來看看。我不知道其他零售業會不會收到感謝函，只因為做了拿薪水應盡的責任，就得到發自內心的感謝，不過，在珍本書買賣這個行業卻相當常見。曾經有人寫信感謝我幫忙寄書，但快遞公司明明向顧客收取了驚人費用。有人寫信恭喜我們發行新目錄，彷彿那是經過千辛萬苦寫出的文學鉅著，但事實上只是複雜又笨重的行銷手段。有人寫信來只為了聊聊天氣，也有顧客去觀光勝地度假的時候寫信來跟我們打招呼，內容與書籍完全無關。

在所有暖心信件當中，我最珍惜的一封來自於一位神秘陌生人，他假扮小說《好預兆》（*Good Omen*）[12]中開書店的天使阿茲拉斐爾（Aziraphale），不但所有細節都很到位，還附上幾份天使的禮物[13]。雖然說我們不該偏心，但是收到這樣的信件絕對能提高來信者的地位，無論他原本排隊的位置在哪裡，都會立刻成為VIP。大部分的店員都有自己的筆友，不時特別關照一下，從「狂喜的養蜂人」（一位德古拉，熱愛任何與蜜蜂有關的書籍，就算只有一點點相關也好，每次收到通知他都會萬分感激），到「隱居修女院長」（她住在希臘的科孚島〔Corfu〕，但她的小小信件都是從本土靠近阿爾巴尼亞邊境的地方寄出，因為她擔心會被攔截）。

我一直告誡自己，不要和顧客發展出那種扯不清的社交關係，我成功抵擋了幾年，直到有次克里斯收到一封感覺很麻煩的信，我們姑且將來信者稱為「囚徒教授」吧（克里斯是店長，所有收件人只寫「莎樂倫書店」的信都會交給他處理。這是身為領袖必須背負的重擔），隨信附上一份清單，全都是他想買的學術書籍。他說因為目前無法離開住家，因此需要我們幫忙。事實上，他希望能從頭再蒐齊一套學術藏書，理論上這個過程能讓我們賺到很多錢，但也肯定像用頭不斷撞牆一樣有趣。那封信在克里斯的桌上放了一、兩週，然後他以店長的身分裁決，交給我處理。後來那封信又在我的辦公桌上放了六個月，然後我接到對方打來的電話，語氣非常客氣，我們愉快交談一番，他平靜接

12 譯註：尼爾．蓋曼（Neil Gaiman）與泰瑞．普萊契（Terry Pratchett）合著之幽默小說，於二〇一九年由亞馬遜改編為影集。

13 作者註：其中我最喜歡的是一套特製藏書票，印著一句拉丁語格言「estne volumen in toga an solum tibi libet me videre」，我相信大致上的意思是「你的口袋裡有書嗎？還是單純太高興見到我？」。

受我誇張的拖延行為，讓我非常良心不安，於是接下來花了一週的時間找出清單上所有的書。然後他竟然寄感謝函來，好像粗心隨便的那個人是他。就這樣，我們一直通信下去，我只是虛應故事完成工作（而且嚴重拖延），而他則一再誠心道謝，雖然說其實根本沒什麼好謝。

很有意思，自從我們緩慢謹慎地展開網路賣書革命，持續收到很多顧客的好評，如果不是有網路這個管道，他們可能永遠不會表達出來。幾年來，原本稀稀落落的好評逐漸匯聚成流，大家想起來這家書店的存在，透過電子郵件、網路評論與社交媒體分享來書店的體驗，述說店員如何幫忙找到正確的書籍。看到那些訊息分享出去，讓人心中感到十分溫暖。

相對地，也有惱人的抱怨信件。我也保存了一部分這些信件，在心情不好時拿出來看，可以得到一種變態的樂趣[14]。我們收到的抱怨主要可以分為兩大類。第一種確實指出問題，但我們可能不認為那是問題，也可能完全無法解決。例如「店裡太安靜」就屬於這一類，因為，沒錯，女士，書店就是這樣的地方；但也有些很沒禮貌的信件，寫信的人氣沖沖指責沒有按時收到最新的目錄，或者是包裹沒有正常寄送[15]。我有一套非常有效的應對方式，至今沒有失敗過：我在這些信上標註「重要郵件」，不然就是放在辦公桌上很顯眼的地方，表明我打算盡快處理，然後任由那些信積灰塵幾個星期，最後宣布作廢，因為早已過了對方期待收到回覆的時間，而我不想回頭炒冷飯。

---

14 作者註：我最喜歡的一封，內容是：「莎樂倫書店。我不喜歡。」

15 作者註：這年頭越來越多顧客希望在包裹從店裡寄出之後，我們依然能夠以超能力加以控制。寄送過程發生的所有狀況，一律怪在我們頭上，包括暴風雨、郵差偷東西、爆胎，以及其他各種後勤方面的不幸。久而久之，我變得非常善於以客氣的方式回應，內容大致如下：「真有意思，但是貴宅位在爆發中的火山底下，這實在不是我們的錯。」

理智斷線

一位顧客想要我注意他，不斷對我露出太刺眼的笑容，十分鐘以來一直暗中朝我接近，一看就知道他希望我放下工作先招呼他。這大概是某種詭異的權力展現，但我沒興趣理會。我正忙著清點一本書的頁數，現在已經數到六百了，萬一數錯，我就得從頭再來一次，所以我不理他。他繼續以鬼祟的動作移動。繼續看著我。終於他來到我身後，以非常不滿的語氣說：「你知道，我真的很需要幫助，我想問一件重要的事。」我忘記數到哪裡了，只好嘆息把書放下。

他拖著我走到店面另一頭，然後大大張開雙手，彷彿想要表達什麼。我站在那裡，表情厭煩、心情厭煩。「可以……」他擺出沉思的模樣。「解釋一下這個書架嗎？」

有人說，只要在書籍相關行業工作超過兩年，就註定要待上一輩子，因為其他業界不會用你了。這種說法其實多少是真的。數十年來，莎樂倫換了一批又一批年輕員工，其中最聰明的那些判斷出買賣書籍不適合他們[16]，但如果在書店工作超過一年，基本上不太可能換去別的領域。好像就是不會發生。不過呢，我慢慢整理出一個先進理論，而且絕對更正確：我相信所有在書店工作的人，最終都逃不過「理智斷線」這個命運。

我循規蹈矩了很多年，但最終依然逃不過。錄取書店工作時，他們不會告訴你，這份工作的重點其實不在於書本，而是必須應付形形色色的玻璃心。噢，對啦，他們多少會暗示一下，而且頭腦清楚的人應該會先觀察店裡的氣氛，再決定要不要來上班。至於其他人，唉，我們笨到以為大部分的時間都會用在書本上，很快就會知道我們錯得多離譜：星期五晚上打烊時間過了五分鐘，還有顧客跑進店裡，亢奮地誇耀他們的郵票蒐藏，拉著你一講好幾個小時，即使你刻意不停嘆氣、一直看時鐘，他們也不當一回事。在這段時間裡，電話響個不停，每一通都在問無關緊要的事。書店怪客冒出來問一些滿

---

16 作者註：我經常想起羅伊辛，他在店裡撐了大約一年半，然後就搬去愛爾蘭的偏遠小村落，在那個沒有電、也沒有自來水的地方研究陶藝。

懷惡意的問題，像蛇一樣的舌頭不停抖動。同時，你還要為很複雜的書籍編目，清點動輒好幾百的書頁，而且還絕不能出錯（這是關鍵），否則憤怒的顧客會揮舞著收據打電話來客訴。

剛開始在書店上班時，你希望盡可能留下好印象，表現出在電視上常看到的那種優秀服務。你對所有人假笑打招呼，顧客永遠不會錯，是，沒問題，我會幫您再確認一次，先生。然後，當再也扛不住壓力的時候，就會理智斷線。

要進一步瞭解這一刻的始末，就必須再次請出蕾貝卡。

這個世界上沒有比蕾貝卡更勤奮的古書店員了。她擁有古代傳奇英雄那種不屈不撓的精神。店裡有個「儲藏櫃」，基本上，我們把所有不願意再煩惱的東西全部扔進去，每次看到她在整理，都讓我聯想到海克力士（Heracles）清洗奧革阿斯的牛圈[17]。並非我們將艱難的任務都丟給她，而是她自願挑戰，甚至從來沒有半句怨言。當我處理完所有緊急的事，通常會躲在座位上偷閒好幾個小時，可能思考一下我正在研究的謎題或神秘現象。當蕾貝卡處理完所有緊急的事，她會打開早已被遺忘的櫥櫃，把東西全部搬出來整理，不然就是找出所有老舊的書籍紀錄，清掉沒用的那些。她總是全力以赴，而我比較習慣用蝸牛的速度慢慢來，最終我不得不拜託她放慢速度[18]。直到今天，她還是不懂那個要求的意義。

簡單地說，蕾貝卡和我見過的古書店員完全不一樣。真正的超完美工蜂，無論以前還是現在，我們都不配擁有她。

說到這裡，就該來講理智斷線的事了。那是個冷清的上午，「跋扈男」走了進來。他以走秀的動作大步前進，彷彿期待會有大批粉絲或紅地毯，我立刻決定要敬而遠之。他在店裡快步走動，不時用腳推推書架，彷彿豬用鼻子拱地找松露，然後視線落在蕾貝卡身上。她正忙著處理那些沒人感激的雜事，我不想打擾，因為我知道那肯定是能改善所有人生活的偉大事業，而且感覺很複雜。他流露出沾沾自喜的眼神，男人看到在書店工作的女性時，偶爾會流露那種眼神，有點像掠食動物的感覺，一眼就可以看出他心裡想著：「啊，我找到一個不得不陪我說話的人了，而且她有義務和善對待我。」我不是

---

17 譯註：海克力士十二偉業中的第五項。奧革阿斯是希臘神話中埃利斯的國王，擁有大批牲畜，據說他的牛圈三十年從未打掃，污穢不堪，海克力士奉命清掃，於是引來河水沖洗。

18 作者註：感覺就像那個「一棵樹在森林倒下的哲學問題。是我太廢還是蕾貝卡太強？或許兩者都有？（譯註：「假如一棵樹在森林裡倒下而沒有人在附近聽見，那它到底有沒有發出聲音？」是一個哲學思考實驗。）

愛出頭的人，尤其是對方可以自己解決的時候，於是我沉著地坐好，盡可能不理會他。這時，他開始對蕾貝卡滔滔不絕炫耀他有多厲害，她拿出專業的表現，客氣聽他說，但其實等不及想回去做事。這並非第一次有男客在店裡對蕾貝卡做出踰矩的行為，有人邀她共進晚餐、有人企圖和她一起關在密閉空間。她有能力照她認為最好的方式解決，我予以尊重，但我也明白剛開始在新公司上班有多緊張，即使遇到不舒服的狀況，也不想把場面鬧大。

一個小時就這樣過去了，他的態度越來越過分，甚至開始說女人的腦容量比男人小，所以才不善於探索。有個東西終於斷了。多年來，那些奧客提出的無理要求造成大量怨念與無奈，終於在那一刻壓斷了我的理智線，讓我再也無法忍受。就是這一瞬間，我變成其他行業不會雇用的人，因為從這一刻開始，我再也不願意忍受那些狂秀下限的人，他們甚至讓人無法懷疑只是誤會。讀者啊，我做出了難以置信的事，出面制止他。

在這裡我要離題一下，聊聊英國的習俗與傳統。店員不可以打斷顧客說話。這是英國習俗，就像不能在火車上和人搭話，就像人群自然會排好隊。這是一種本能的禮貌，我們藉此避免談論或處理不當行為。店員不可以公然糾正顧客，也不可以說出內心真正的想法。這麼做等於對他們的臉揮拳，只是不用坐牢。雖然我沒有動手，但我實質上等於使用了暴力。

據說，當有人用他們對待女性的方式對待男人時，男人會大爆炸。他憤慨無比，整個人由下而上變成一片鮮紅，就像卡通裡演的那樣，即使到了今天，我依然敢發誓，他的頭真的膨脹了幾吋。

我請他讓我們好好工作，這句話引來他口沫橫飛的憤怒叫囂，威脅著要向店長提出申訴[19]。哪有人這樣做生意，他惱怒地說。他只是想說說話，他大吼。我們都這樣對待顧客嗎？他罵了半天也沒用，最後終於罵不出來了，這時我早已經回去做我的事了。他擺出一副受到天大委屈的模樣，穿過死寂的店面走向門口，出去時還被門打到屁股。

幾年後，蕾貝卡終於理智斷線了，因為同一家供應商在同一天下午打了五通電話問同一個問題。至於蓋爾格，我猜他的理智線大概一出生就斷了。

19 作者註：呵呵。

約翰．彌爾頓豪華半胸像，經典臭臉。與較為討喜的莎士比亞半胸像同組出售（不得單買）。

當代初版

拙文數篇以記述當代書本銷售之進化，時光荏苒，
以及其他無從避免的遺憾。

進入二十一世紀對珍本書行業造成莫大衝擊。一部分是因為大家不斷出書，就算可以視而不見幾十年，最終還是不得不重視。這個名為「當代初版」的部門負責所有大眾小說、二十世紀經典，以及所有令人不舒服的新潮玩意。

42

進櫃

酷兒界有句話：出櫃無止盡。這個道理放諸四海皆準，珍本書業界也不例外，雖說櫃子裡就算有空間，也都堆滿了書。

要知道，我並非不信任新同事，但身為愛好書本的書呆子同志，就必須學會在陌生人面前隱藏自我，否則很快完蛋，要先確定對方會有什麼反應之後，才能揭露。此外，有些外在訊號可以作為判斷依據，假使一個地方的裝潢風格還留在十九世紀，那麼很難不懷疑裡面的人也一樣。幸好在面試時不會過問性向，因此我可以從容等到能夠安心的時候再說。

我花了將近一年的時間故作不經意在談話中提起，現在大家都這樣做。如果你不熟悉這套作法，我來說明一下。其實很簡單，只要故意不表明配偶的性別，幾個月之後才在聊天時突然說出來，就像丟出酷兒手榴彈一樣，然後等著看對方恍然大悟的反應[1]。現在呢，觀察身邊所有人的表情，難免會有人流露厭惡失望，那也沒辦法了。

沒想到，我扔出的炸彈（我認為，這年頭所有同性戀每次出櫃時，內心都認定絕對會發生大災難），竟然變成了空包彈。大家完全沒有反應，這實在太令我驚訝，簡直難以忍受，於是我又扔出幾顆手榴彈作為確認。如果讀者覺得我在找麻煩，請務必諒解，因為我以前工作的地方，有一些是理論上應該很前衛並且思想先進的公司，但那些同事的反應充滿程度不一的惱人僵化偏見，「哦，那你們哪個當女的？」這種話算是程度輕微，最可惡的人甚至會好幾個星期都故意在背後放冷箭。像莎樂倫這種停滯在舊時代的公司，竟然沒有人當一回事，在那當下我實在無法理解。

因為真的太驚人了，我又繼續測試了幾次（而且是以更明顯的方式），終於才確定不會有誇張的場面。儘管如此，過了一陣子，我發現詹姆斯開始在我用來練習的書中放

1 作者註：現在我結婚了，只要刻意提起「丈夫」這個詞，談話的難度立刻會大幅降低。

進更多酷兒作家的作品。就算我真的沒發現每天增加的王爾德或一箱箱伊舍伍[2]，他也會不辭辛勞讓我注意到，而且還會大費周章編藉口，說是裝幀之類的值得參考。如果我真的不想談，搬出再多書刺激我也沒用，但這些書已經足以讓我感到接納。我永遠不會忘記這樣的善意。

隨著我的能力逐漸增加，心中也更有自信，終於能看清一開始我對狀況的理解就錯了，而且我絕不孤單。在珍本書這個行業當中，有很多像我一樣的人在認真打拚，只是比我安靜多了。我開始明白，某些圈子的人士以及上了年紀的藏書家，不會來店裡要求找同性戀文學。我用來描述自己的詞彙他們不會使用，現代酷兒書籍中敘述同志社群的語言他們也說不出口。但是我發現，很多蒐集酷兒相關書籍的藏書家，會希望你小心觀察他們詢問過哪些作家，並且理解他們給的暗示。儘管他們很含蓄，但我不會跟著變保守，依然會公開歡欣鼓舞，他們只能接受。這是一條雙向道，他們必須接受這個事實：我真的很高興見到他們。

此外，每年的同志大遊行當天我一定會休假，這一點我絕不讓步，至今還沒有勇者出面跟我爭辯。雖然說公開自己的真面目有一點可怕，但只要去過一次黑暗地下室，或是在森林裡被不明惡意物體尾隨，你就會知道，別人的眼光並不重要，記得帶手電筒比較重要。

2 譯註：奧斯卡．王爾德曾經因同性戀行為而遭到判刑入獄。克里斯多福．伊舍伍（Christopher Isherwood）為著名英美小說家、劇作家、編劇、自傳作家。作品多以同性戀為主題。

43 衛生與安全

「大改造」之後過了幾年，當那一切動盪都褪色成為不安的回憶，我們依然偶爾會遭遇工人留下的危險考驗。終於，每天躲避死亡陷阱這件事變得比接電話更惱人，於是克里斯拿出店長的權威，決定請專業人士檢查這裡是否依然適合店員生存。太多垂掛的電線、太多搖搖晃晃堆在樓梯頂的書本，每天人來人往多少會有點怕怕的，而且萬一有員工因為破傷風喪命，克里斯可能會被抓去坐牢，他應該也不希望發生這種事。如果明知道顧客會走進處處危機的恐怖墓地，卻還放他們進來，那麼，「營業中，歡迎光臨」這句話就變得有點驚悚了。

計畫完成，小聲電話聯絡幾次之後，一個晴朗的週二午後，當太陽開始讓櫥窗裡的版畫蜷縮變形，一位充滿自信的衛生安全檢查員來到店裡，那樣的畫面好比恐怖電影開始嚇人之前的寧靜時刻。一看就知道他相信自己經歷豐富，無論世界拋來多糟糕的狀況，他都早已司空見慣。然而，他錯了（我先說明一下，在這隻可憐小綿羊誤入歧途之前，莎樂倫應該完全沒有接受過衛生安全檢查。即使有，也沒有留下任何痕跡）[3]。一走進店門，一片疑慮烏雲飄過檢查員的臉，彷彿動物本能在大聲呼喊，要他趁能跑的時候快點逃。

他抱著公事箱充當盾牌，停下腳步觀察四周。店員招呼他進去，他走過一排精心放在樓梯頂端的紙箱，去向克里斯自我介紹。一番寒暄之後，檢查員表明今天只是來看看環境，填寫問卷，釐清店裡日常的狀況。

他在店裡走動，客氣發問，因為實在有太多事他無法理解，有如困在艾薛爾（Escher）[4]的視覺錯亂版畫裡。那些梯子，真是非常有意思的裝飾品，他指著令他困惑的東西說。他所說的那些梯子是從舊店面搬來的，比這棟建築更老。梯子基本是平面

---

3 作者註：地下室遙遠角落裡，貼著一張嚴重蜷縮褪色的海報，被一堆箱子遮住一半。海報上用很大的字寫著「切勿」，然後接下來的內容就看不見了，沒有人知道海報到底要求我們切勿做什麼。

4 譯註：荷蘭著名版畫藝術家。以視錯覺藝術作品聞名，於平面視覺藝術領域有極大成就。

的，靠在書架上，店員使用時必須動作迅速，不然梯子會垮掉。速度與靈巧是關鍵要素，要爬上頂端最好的辦法就是先助跑。我們學會仔細聆聽梯子發出的聲響，判斷是不是快垮了。我有一次跌下來摔在玻璃櫃上差點死掉，幸好那塊玻璃是用地獄烈火鍛造的金剛不壞之軀，我才得以保住小命。我們向檢查員說明真的需要用到那些梯子，否則無法拿到書架最上層的書，而且那些書很任性，經常會自己跳下來，用足以殺人的速度撲向地面[5]。

他繼續以緩慢的動作在店裡走動，態度越來越勉強，發現更多根深蒂固的安全危害。對，那根釘子一直在那裡。欸，我們也不知道那個洞通向哪裡，不過，既然這麼多年都沒有東西跑出來，以後應該也不會啦。樓梯間的燈位置很怪，要修理只能在樓梯邊緣架一塊木板，然後踩在上面慢慢走過深淵，每一步都會發出木頭快裂開的聲音。檢查過這裡之後，他決定改變策略。防火設施！他死命抓住最後一線希望。既然這裡是珍本書店，到處堆滿了非常易燃又極為貴重的書籍，想必防火做得很徹底吧？

我們好不容易找到水基滅火器。那玩意藏在樓梯口附近，前面擺著排成螺旋狀展示的書，想要拿出來就得先搬走那堆書，而且很可能會摔倒滾落到黑漆漆的地下室。這是輝煌勝利的一刻。每過一分鐘，檢查員的期望就越來越低，我們把滅火器拿去給他看的時候，他幾乎像是鬆了一口氣。可想而知，已經過期了，需要換新的。我們也應該要準備兩種不同的滅火器，以防發生電氣火災，不過呢，雖然不知道是誰負責採購這個滅火器，但顯然他認為夠了。拿起滅火器時落下的灰塵便足以構成安全危害，更別說我們靠近觀察時還聽見嘶嘶聲。

他越是走進書店深處，表情越是絕望。好不容易離開一個安全危害，轉身卻發現只有一個火災逃生口，而且裡面還堆了太多紙箱，反而成為逃生障礙。聽說我們還有「另一個地下室」時（想必很安全吧？不然怎麼會有人住在那裡？），他的臉色變成奇怪的死灰，需要坐下休息。我們找來椅子，可惜他不能坐太久，因為那張椅子其實是裝飾品——坐在上面的人很可能會直接從中間穿透摔在地上[6]。就在這時候，蓋爾格剛好路

---

5 作者註：我還記得，以前有一本格外巨大、特別奢華的攝影集，書名叫做《阿佛洛狄西亞》（*Aphrodisias*），是土耳其攝影家艾哈邁德．埃爾圖（Ahmet Ertu）的作品，有一陣子他非常熱門，喜歡用優美古代遺跡照片裝飾客廳的人絕對知道他。一天傍晚，命運的作弄讓那本巨大無比的書往前倒下，掙脫木造監獄，彷彿流星一般撲向地球。只差一英尺就打中人。調查案發現場時，我們發現《阿佛洛狄西亞》毫髮無傷，但地板就沒那麼幸運了。

6 作者註：以前一樓有很多這種椅子，但全都不堪使用。在「大改造」期間大部分都丟掉了，但留下一張作為紀念。我們必須隨時留意是否有人想坐那張椅子，一看到就立刻衝過去警告，不然那個人會以非常丟臉的姿勢卡在椅子上。

過，手中端著一個大拖盤，裡面放著一千隻小蝴蝶的屍體，迫使這個可憐的人逃到地下室的包材庫裡。地下室到處是水桶，滲漏的雨水流到插座上。

他每天都拿著確認清單，檢查別人是否以正確的動作搬箱子[7]，對這樣的人而言，這次造訪無異於那種角色一個個落入陷阱然後被殺死的恐怖電影。地下室的紙箱有時會發出無法解釋的怪聲音（我認為是窸窣怪搞的鬼），此時剛好發生了，檢查員立刻拔腿逃往有陽光的地方。他再也沒有回來。

我們在地下室貼了一張全新的衛生安全海報，紀念他的英勇嘗試，不過好像沒有人注意到。不過，最後我們還是買了新的滅火器，放在發生危機時能拿到的地方。一想到店裡的書可能著火化作灰燼，那樣的焦慮讓我們無法不這麼做。找地方放滅火器的時候，我難得一次看清店面，已經很久沒有仔細觀察了，我不禁停下腳步自問，從什麼時候開始，我停止在心中挑剔漏水的屋頂、不準的時鐘、堆在奇怪地方的紙箱。不知不覺間，這些東西融入背景，我不再因為看到而覺得煩躁，反而會因沒看到而覺得奇怪。

44 推銷員歸來

推銷員回來了，而且抓著我不放。這次他帶來的書剛好是我要的，他在角落暗中自鳴得意。他的手藏在大衣裡面偷偷動來動去，（我猜想）應該是在清潔藏起來的昆蟲大顎。他準備好要開戰了，問我打算給他多少錢。這種作法很陰險，因為如此一來，我就必須開出正確價格，不然就證明我不懂行情（以後他就可以宰肥羊了）。他在測試我。我往電腦移動，他的眼神流露不齒。我需要輔助嗎？他默默估量。

在書本買賣這個行業中，網路這個話題會引起很極端的兩種反應。有人說網路毀了這個行業，也有人說網路救了這個行業。老實說，這是那種答案其實在正中央的狀況。

7 作者註：我們的動作很不正確。

在所有人當中，對於書店在工作上使用網路最有意見的人往往是顧客，但是書店要在這個時代生存，這是店員必備的技能。我猜想，一般人大概想要相信我們依然用紙本記錄所有大小事，而且必須用羽毛筆寫，但古書店員早已開發出混合應用的工作方式。珍本書業界有些部分遲遲不肯擁抱網路，要探討這個問題足以寫出一整本書，但無論原因為何，莎樂倫很晚才加入戰局。

我認為真正讓大家接受網路的關鍵因素，應該是資訊的及時性改變了珍本書市場。顧客只要上網一查，就能比較幾家書店的定價，導致珍本書交易幾乎分崩離析，因為如何為書本定價其實沒有固定規則。書店必須以高於進貨時的價格售出——這樣才不會倒閉——然而，倘若定價太高，便會流失顧客。如果賣得太便宜，那麼就會太快賣出（通常是另一家書店買走，他們會洋洋得意捻著鬍鬚殺過來搶走書，然後轉手大賺一筆）；要是賣得太貴，很可能一直賣不出去，幾個月變成幾年，幾年變成幾十年。因此，定價從一英鎊到無限大都有可能，店員只能根據多年來看過的類似書籍估價，並且希望能賣出去（但也不要太快）。

藏書家和書商買書時都會要求折扣，事實上，很多知名藏書家一見面就會要求折扣。不過呢，我們畢竟是英國人，所以通常這種討論都很隱諱。通常大家會要求「最好的價格」，這句話真正的意思其實是：「賣這麼貴幹嘛不去搶劫算了？你們這種土匪根本應該去坐牢。不過呢，只要給我來個超低折扣，我就願意原諒你們。」身為書店學徒，必須學會盡可能以委婉的態度應對——不能惹惱顧客，但還是要賺錢。討價還價是珍本書交易的核心，莎樂倫這種涵蓋多個部門的書店更是經常面對暗藏的壓力。我們經常會不得不連其他部門的書也一起賣，雖然真的很想大砍價格求售，但是明天還是得面對同事，解釋為什麼你把他們部門最貴的書以三分之二的價格賣掉（實在無法解釋的時候，也可以選擇躲起來不要和他們見面，直到所有人忘記這件事。這是我最喜歡的生存策略，不過每個人的作法不同）。

有些人非常熱衷討價還價，甚至認為這算是一部分的樂趣。其他種類的店，例如肉店，顧客不會為了價格而與老闆爭論不休，但是不知為何，所有人都認為書本是可以討價還價的東西。這種行為本身就是一種表演，店員必須表現出顧客彷彿要他們的命，而顧客則表現出店員是招搖撞騙的江湖郎中。很多常客每次都會不厭其煩地上演相同戲碼，即使他們知道最後只會得到平常的固定折扣。我真心相信這齣啞劇對他們而言很重要，店員也不介意，因為我們可以趁機練習一下絕望的眼神與悲慘的笑容。然而，當遇上以時間換取減價的顧客，這齣戲就變得有點難演，他們會連續五年回來找同一本書，然後故意說：「我去年就看到這本書在這裡。」

我把那些書推回推銷員面前。這是我向詹姆斯學來的招數，有一次星期六下午沒事做的時候，他偷偷教我這招。我對推銷員說，我忙死了，然後比比桌上許許多多的書（不需要讓推銷員知道這些工作其實不急）。真的忙死了。如果推銷員想做這筆生意的話，他就必須自己開價，說個預估的數字，不然我沒時間跟他耗。他應該懂吧？就像侏儒妖聽見自己的名字那樣，推銷員猛跺腳，力道之大，差點讓他直接踏破地板回地獄去[8]。他氣惱地瞪我一眼，終於拿出估價單，顯然他早就準備好了，只是不希望被迫拿出來。

今天，勝利屬於我，這種感覺好陌生。我和推銷員斷斷續續交手好幾年了。終於擊倒他一次，感覺有如站上人生最高點，可惜現場沒有人能分享我的榮耀。其他店員都出去了，我領悟到他們相信我已經可以獨自顧店。第二天，我拿到店門鑰匙，從此可以來去自如。

45 求曝光

「我在你們網站上看到一組葫蘆瓜。」一個留著翹鬍子的先生對我說，他揚起一條眉毛靠在櫃臺上，拿著一把很大的雨傘，姿勢像手持長矛，彷彿隨時會轉身迎戰衝過來的野豬。

我愣住。「葫蘆瓜？」

「對。」他確認，不耐煩地揮揮手。「葫蘆瓜。上面刻著維多利亞女王的臉。我想

8 譯註：侏儒妖是格林童話中的一個角色。磨坊主人欺騙國王說女兒可以紡出黃金，她為了圓謊而接受侏儒怪的幫助，但是卻被迫答應將她的第一個孩子作為代價。女孩後來嫁給國王生下孩子，當侏儒怪來帶走孩子時，王后苦苦哀求，於是他答應只要猜出他的名字就放過孩子。宮廷的使者在森林中偶爾聽見侏儒怪說出自己的名字而回報王后。當王后說出名字時，侏儒怪用力跺腳，地面裂開一條縫，他便掉了下去。

看看。」

我錯愕地看看四周，確認有沒有其他人聽見。沒有人在。我的頭腦不由自主飄向那個被踩爛的葫蘆瓜，現在還藏在某個櫥櫃裡。犯案之後，我每天靠這句話增強信心：沒關係啦，反正沒有人會想買那種超醜的玩意。沒想到，此刻這個幻想竟然在我眼前硬生生被戳破。

我假裝四處尋找那個破掉的葫蘆瓜，打開一個個櫥櫃做出忙碌尋找的動作，其實卻刻意避開我藏屍的黑暗箱子。在不說出我只是做做樣子的前提下，我盡量不浪費他太多時間，帶他走向一個書架，讓他徹底忘記葫蘆瓜的事。

各位朋友，這就是資訊四通八達的危險。要知道，我殺害葫蘆瓜之後犯下致命的錯誤，忘記從電腦系統刪除這項商品。我剛來書店上班的時候，完全不必擔心秘密會曝光，因為網站只是隨手弄一下，根本找不到想找的東西。要是在當年，我的秘密絕對會跟著我進墳墓。然而，經過這些年，我們越來越依賴那把雙刃劍——社群媒體，導致我的罪行曝光。

經營社群媒體是大家都希望能夠做得很出色的技巧，直到他們驚覺，這種工作其實根本是在應付成千上萬情緒不穩定的陌生人，而且一天二十四小時全年無休。因為同事都比我資深至少二十年，我出於愚蠢的傲慢，決定接手書店的一個社群媒體帳號，以為這樣能多少有點貢獻。那片天地原本祥和莊嚴、人畜無害，然而，我終究無法抗拒年輕愛胡鬧的毛病。

這個故事最不幸的部分在於，我真的很會。絕大部分的古書商對社群媒體的整個概念都抱持濃濃的懷疑與不屑，他們頂多每個月勉勉強強發一張書本的照片，算是獻給村落惡靈的祭品。被迫屈就如此……如此粗俗的東西，他們的厭惡溢於言表，反應在他們寫的每個字上，沒有絲毫幽默。幾乎可以隔著螢幕聽見他們的惱怒嘀咕[9]。

在我看來，解決的方法很簡單（從以前到現在都一樣）。社群媒體就像貓：如果只是假裝喜歡，不但很快會被看穿，還會被爪子抓傷。如果你因為擔心會被發現自己根本不知道在做什麼，所以害怕社群媒體，那麼，只能說你完全搞錯了。因為其實整個平臺成千上萬的人都等不及想承認，他們根本不知道自己在做什麼，這個現象證實了所謂的

9 作者註：不懂網路的書商往往會做出一些令我噴飯的傻事。我們曾經惹惱過一個競爭對手，他在Google上以本人的姓名給我們兩星差評，他八成以為評論是匿名的。直到現在還能看到。

專精，其實只是無數錯誤累積出的成果。當然，社群媒體就像現實生活一樣，必須應付很多怪咖和壞人，儘管如此，在上面還是能建立深厚的感情，方法很簡單，只要用上在書店人人都很熟悉的奇特組合：無心之過、黑色幽默、真心熱忱。

可惜並非每個同行都適用這招。我有幾個死對頭，他們經常向書業協會申訴我行為怪異，每次協會都敷衍一下，說這種小學生吵架的事不歸他們管。其實這位書商可以說是我來往最長久、關係最密切的筆友，不過他可能永遠不會知道[10]。

儘管如此，一般大眾的迴響十分熱烈。越多人看到社群媒體上的貼文，就越多人造訪書店的網站，導致有人看到過時的資料，買下已經找不到的東西。後來，幾乎每天我們都會收到警告，又有愛在網路上亂挖的可惡網友想買五年前就消失的東西。早已忘記我們存在的老客人又從層層菌絲下冒出來，也有太多人企圖推銷我們不想要的東西，害我們應接不暇。

這股突如其來的混亂熱鬧到底有沒有讓書店賺到錢？或者只是增加工作量？這方面大家的意見莫衷一是，但潘多拉的盒子已經打開了，我們只能盼望有好的結果。我有一種奇想，在現今這個奇特的世界裡，珍本書買賣是一種數字遊戲。詹姆斯總是這麼跟我說：無論再奇怪的書，只要時間夠久，一定會出現想買的人——各書入各眼。在我看來，從這種態度延伸出的邏輯就是，倘若真是如此，那麼，就要盡可能讓更多人看到那些書。例如說，有一本繪畫主題的書在店裡非常久了，甚至在安德魯加入之前就在了。整整數十年。年代實在太久遠，我們甚至找不到確切的進貨時間。而那本書一放上社群媒體，不到一個小時就被買走了。

沒有人知道這種現象對於珍本書銷售的長期影響是什麼，但我因此得到希望，或許在這個物價越來越高、局勢越來越不穩定的世界，網路有助於讓我們接觸到新的客群，讓我們能發揮所長，繼續經營這份古怪的工作。不過呢，最好還是不要一次出現太多顧客，畢竟我只有一顆踩壞的雙面葫蘆瓜可賣。

10 作者註：如果你看到這一段，那麼我希望你知道，你毫無幽默感，你的申訴信件讓我的人生充滿笑料。

46 禁嗅區

她昂首闊步走進店門，彷彿她是俄國大公夫人，等不及想宣布找到失蹤的安娜史塔西亞公主[11]。她身後跟著一個小男孩，臉上認命的表情我非常熟悉，小時候被媽媽拖著逛街時的我就像那樣。她停下腳步深吸一口氣，顯然很享受這次經驗的每個時刻，而且不忘轉頭確認那個孩子也一樣。他並沒有，因為他發現角落有張椅子（他不可能知道那張椅子其實是要命的陷阱），正在偷偷往那裡移動。那位女士追著男孩往店裡走，雖然我很不願意，但她依然成功對上我的雙眼，然後大步朝我走來，我只好拚命裝忙。

我悄悄移動一堆書擋在前面當城牆，但她依舊越過書堆看著我，對我露出非常不好意思的笑容，當顧客知道自己即將提出的要求很不合理時，就會這樣笑。「我不是來買東西的。」她說，我不得不讚賞她的誠實，雖然說她準備要浪費我寶貴的時間，而這種事我自己就做得很好了。「不過呢，我想麻煩你一件事，你或許會覺得有點奇怪。」她再次用心照不宣的眼神看我。有時候，我會開始想像要是有陌生人持刀闖進書店，把我當魚一樣宰了，那麼我的葬禮會是什麼樣子。現在就是那種時候。

我給她一個無力的笑容，她正確解讀出那是可以繼續說的意思。「我和孫子正在進行倫敦氣味旅行。」說到這裡，她不得不先解釋什麼叫作氣味旅行。根據她的描述，氣味旅行的理論根據，是大腦會將嗅覺記憶存在一個特別的地方，相較於視覺與聽覺，嗅覺記憶可以保存更久。她帶孫子去了倫敦很多有著強烈「氣味特色」的地方，如此一來，等她不在了，長大的孫子只要嗅到那些氣味，就會想起她。如此溫馨的願望稍微融化了我冰冷的淡漠，於是當她要求我借她一本古董書聞氣味，我十分勉強地拿了一本合適的[12]。

11 譯註：俄羅斯末代沙皇尼古拉斯二世的小女兒，在全家遭到秘密警察處決之後，安娜史塔西亞逃過一劫並流落民間的傳聞甚囂塵上。

12 作者註：他們特地來到這裡，應該希望能完整體驗，於是我找了一本灰塵很厚的拉丁文《伊里亞德》（*The Iliad*），以厚重皮革裝幀。既然有機會秀一下，我絕對不會客氣啦。（譯註：《伊里亞德》是古希臘詩人荷馬著作的史詩，記述特洛伊戰爭的故事。）

自從書店開門迎來二十一世紀，我們太常遇到進來店裡卻不買書的客人，這些人將書本視為戀物的目標，享受書本的氣味、聲音、觸感。幾乎每天都有人招認說，他們進書店只是因為這裡的氣味，或者覺得需要被書本包圍。有人拜託我們開櫃子，因為他們想觸摸裡面的東西。接近書本是人類的基本需求，光是書的存在就能帶來安慰。書店導覽越來越盛行，一大群人逛過一家又一家書店，當作觀光景點。這種現象讓想要好好工作的店員十分厭煩，但當我看到他們踏進門走入寂靜的環境中，臉上流露出熟悉的神情——我第一次踏進莎樂倫時也是這樣——我會因此而稍微心軟，因為我懂。

47 萬物皆有價

「喂，確認一下這本書。」一位盛氣凌人的女士說，將她的手機硬塞到我面前，上面顯示一本書的照片，因為太模糊，所以一點用也沒有。要拍好照片，需要掌握好光線與透視，但大多數人都沒有這種天分，我也不例外，她也一樣，因此那張照片的用處差不多像用粉筆在人行道上畫圖一樣。遇到這種問題，我有慣用的回應方式，我請她多寄幾張照片過來，我再仔細研究。我一說出「電子郵件」這個詞，她立刻流露出暗藏不齒的表情，速度非常快，可見她經常這麼做。「我不想寄電子郵件。」她對我揮舞智慧型手機。「我不想用網路。我想要和真正的人當面溝通。」她面前就有真人，而且她的溝通方式相當無禮，於是乎，我（以盡可能禮貌的語氣）解釋，如果要我們回答她的問題，她就必須給我們更多照片，除非她可以像墨魚一樣當場噴出墨汁自己畫出那本書，否則她只能以電子方式寄送。我話還沒說完，她已經甩門走人了，同時大聲嚷嚷著要去找我們的競爭對手[13]。

珍本書店員有一個壞習慣，無論別人需要他們變成什麼角色，他們都會乖乖配合。如果有人需要你幫忙擦嘔吐物，那麼你就是零售業員工。同一個人隔天來店裡要求懂拉丁文的人協助，那麼你突然間就成了學者專家。說變就變。變完又變。有一種人對待零售業員工與學者專家的態度天差地遠，在書店裡，他們會因為太頻繁轉換而搞得快要精神錯亂，不知道究竟該繼續瞧不起你，還是該換你瞧不起他們。

我認為這是因為太容易接觸到店員。明智的學者專家會躲在大學地窖裡，或是魔法高塔最頂端的房間，他們有先見之明，知道陌生人聯絡絕不會有好事。珍本書店是少數民眾認為可以輕易接觸到學者的地方，而且不必忍受一堆麻煩，例如預約，或是付錢。估價的要求佔用了店員太多時間，老實說，自從大家發現我們的存在，這種要求越來越誇張。公用收件夾塞滿了這類電子郵件，以前還很客氣，開頭總是「致莎樂倫書店，抱歉打擾，可以佔用一點時間嗎？」現在卻根本沒有內文，只有一堆很不清楚的照片，然後在標題欄寫上「價格？」。以前我還願意回覆公用收件夾的郵件，但隨著時間過去，意願逐漸降低，因為我發現，即使我以客氣的方式說明本店無意收購那些書，不但沒有用，反而會惹來更多麻煩——我所下的判斷會開啟一場無止盡的辯論，讓對方不高興，也害我得加班到很晚，寫毫無意義的道歉郵件[14]。

那些找上門來堅持要我們估價的人更是完全誤會了，大部分的書店不會提供這種服務。收購一本書的時候，我們會在心中設想，如果賣給最好的顧客可以開怎樣的價格，然後以其中合理的一部分作為我們給賣家的開價。這段過程中，絕不會發生一看到東西就說「嗯，我知道確切價格」這種事，因為即使顧客再可靠，也不見得一定會買。今天晚上估的價，可能因為明天發生的事而翻盤，像是附近另一家書店也找到同一本書（這種事確實發生過）。

因此，你大概會以為如果有人請你為書估價，只要盡可能給出一個你認為合情合理的數字，然後就可以送客了。有何不可？如此一來，他們開心，我也不必煩心。或許

---

13 作者註：這個威脅不太有效。如果她選擇繼續抓著我死纏爛打，成功的機率還比較高。

14 作者註：「沒有價值？我阿嬤蒐藏這套水果蝙蝠小說幾十年了！我要求換個人估價。」

如此，但問題是，最近書本交易業界出現了一種相當惱人的風氣：鼓吹將書本當作投資。到處都可以看到書店用這招——很能刺激銷售。書本幾乎是藝術品，因此一定也可以保值。有些藏書家會將他們的書視為投資。買書等於以另一種方式存錢，等到他們想出售的時候就可以「回收資金」，有些人甚至以為價格會隨時間穩定成長。在我看來，任何書店如果以此作為賣點，那簡直是樂觀到了犯罪的程度。很可惜，我們看過太多慘劇，憤慨的顧客發現他們的藏書變得一文不值，可能是因為他們喜好的作者不再受歡迎，也可能是因為某種方式的真皮裝幀不再符合潮流品味，反而會招來白眼（儘管如此，只要不被抓到，有些書店還是會這麼做）。

大家誤會的點在於，所有古書店都必須買書進貨，因此會開價給書的主人。這和估價不一樣，因為開價是由書店承擔風險。在把書賣出去之前，書店無法確定是否會賺到錢。莎樂倫架上有些書已經擺了超過三十年都（還）沒賣出去，有鑑於此，我認為單一書商的看法恐怕不足以判定一個人全部藏書的價值（沒錯，經常有人要我們去家中估價並且背書，彷彿我們大筆一揮，就能讓塞滿城堡的義大利早期小說藏書像黃金一樣耐得住光陰的考驗）。

珍本書如此脆弱又反覆無常，竟然有一整個行業建立其上，而且還能維持數十年，甚至數百年，實在非常不可思議。感覺幾乎像是用紙牌搭起複雜的房屋，我們每個人撐起一小塊，生怕一不注意就會整個垮掉。一個美好的集體夢想，並非由傳統規範或經濟利益所引導，之所以能夠存活下來，完全憑藉一個全體想要相信的事實——我們打從骨子裡知道手中的書有價值，如果我們的意念夠強烈，那麼，其他人也會相信。

48 特價出清

我被卡在桌子底下了。或許是因為我整天坐著不動，也可能是因為書店周圍步行一分鐘的距離就有五家三明治店，我十分確定以前的我可以鑽到桌子底下再順利鑽出來。既然我動彈不得，乾脆順便整理一下幾個箱子裡的東西好了。我發現四支桌腳，但沒有桌面。一隻只有嬰兒穿得下的襪子，而且還被不知道什麼東西咬過。一個工具箱，但裡面只有一條濕答答的抹布。一把鐵撬，上面的標籤寫著「僅限家用」。等到終於有人來救我的時候，我成功找到了滿滿一箱藍色詩集。這箱書是維多利亞時代印製的，製作廉價，詹姆斯剛好經過，他叫我把那箱盜版丁尼生（Tennyson）[15]放回去。他提醒我，要是讓人知道現存的幾本全都在我們這裡，這本書就變得不夠稀有了。

隨著新時代來臨，大家都需要重新檢視生活。這些年來，我們發現店裡囤積了很多存貨，而且我們不知道怎麼做才能賣掉。每個部門都堆滿了前人採購的書，不但只會生灰塵，而且還佔據了書架的空間，讓新進貨的書沒有地方放。「大人物」透過層層傳遞，溫和暗示我們應該要設法把不需要的書整批賣掉。我猜他們大概誤以為可以迅速賣掉那些書回本。

於是我們開始清倉減少負擔。最先想出的好主意，就是把整批書籍賣給剛開始創業的書店，因此，一大批珍貴的藝術書籍裝箱運送到海外，但對方從此銷聲匿跡。每一年會計部都會問我們知不知道那批書的下落，我告訴他們買方很可能帶著書跑路了，以後應該不會再出現。我猜想會計部大概將它列為「待收款項」之類的。

接下來的好主意是春季特賣，但是我們沒有打廣告，只做了幾個歪七扭八的告示放在書櫃裡看不見的地方，於是這次活動也不太成功。事實上，每當有人提起特賣的事，詹姆斯就會大發雷霆，因此沒有人敢大肆宣傳[16]。這次特賣持續了三個月，印象中好像

15 譯註：十九世紀英國桂冠詩人，他的詩被公認為最足以代表維多利亞時代的風格。
16 作者註：詹姆斯，最傑出、最堅定執行回收的專家，堅持要讓所有釘書機與廢紙都留在店裡，對他而言，「清倉」這個概念簡直天理不容。

只賣掉了一樣東西，而且還是顧客意外發現放特價商品的櫃子，儘管前面堆了很多紙箱，他依然鼓起勇氣看裡面的東西。

這些計畫都失敗了，時間之河繼續往前流，我們開始依賴其他管道處理。無論我們從書架搬下多少書，都會發現更多書，我發現身邊到處是高聳書堆，全都疑似太現代，而且主題相當冷門，從彩繪玻璃到鄉間住宅什麼都有。我原本以為莎樂倫會把這些書放個十年或二十年，等到變得更稀有再出售，但「大人物」發出理性之聲，於是那些書被裝箱送去拍賣。蕾貝卡很高興有機會可以列清單，於是急忙拿出筆記本動手整理。蓋爾格過來，挑了一堆他自己要的書（雖然他堅持說沒有在蒐藏書，真的不算）。直到現在我依然懷疑，拍賣公司聯絡人可能有什麼把柄在我們手上，因為他們不停接收大批書籍，最後他們也無法消化了，於是我們將目標轉向其他拍賣公司，他們早該知道不能接我們的電話。過了一段時間，他們確實不再接我們的電話了，但我們依舊繼續寄書過去，既然沒有被退回來，我們就當作贏了這一局。

一般人對於把書丟掉這件事的反應總是很奇怪，但珍本書店必須做出取捨。一方面，正是因為有些書比別的書重要，所以才會有珍本書買賣這個行業存在，每天我們都必須做出選擇，哪些書該標價出售，哪些該放在一邊。另一方面，有些書就算花錢請人收走也沒人要，而當我們必須做出理性的選擇，將書送去回收時，那些進行倫敦氣味旅行的人就會萬分震驚，好像我們犯下破壞文物的滔天大罪。然而，譴責歸譴責，他們也不會花錢買下來。

我認為，這就是珍本書店的命運。買書、賣書，並且為那些無處可去的書送終。少女、母親、老嫗。一年又一年過去，有些書變成親切的熟面孔，甚至老朋友，每年盤點存貨都會見到。你會摸摸那本《金驢記》（*The Golden Ass*）[17]，當初購入時以為能立刻售出（你錯了），後面那本田鼠主題的書則是你一時心軟跟推銷員買的，從一開始就知道絕對賣不出去。至於其他那些，每一本都是其他店員買下的，他們在當時都有很好（或很壞）的理由。

走過一排排書架，有如翻開一本奇特的月曆，記載著拜訪過的鄉間豪宅與地窖、地下室與火車站月臺。我拿出鑰匙正準備打開玻璃櫃，想要看看裡面的一本書，因為我不

17 譯註：拉丁語小說，由古羅馬作家阿普列尤斯（Lucius Apuleius）創作。描寫醉心魔法的年輕人路鳩士（Lucius）誤食魔藥變成驢子，歷經奇遇和苦難，最終恢復人形。

記得買過，這時詹姆斯突然出現在我身邊，責備我動作太粗魯。他說：「要非常、非常溫柔。」我可以自己打開，但我已經很久沒有請教過他的建議了，我知道在他眼中，我依然是那個多年前第一次踏進莎樂倫的迷途羔羊。他想幫忙，於是我讓他幫。唉，外面傳來憤怒敲櫥窗的聲音，看來又有人沒看到就在眼前的營業時間。看來回憶只好留給明天了。

尾聲

我在店鋪後面拆除展示品，突然發現一張以前沒看到過的辦公桌。老實說，我原本以為那是展示臺，因為上面堆滿了書。我搬開一堆堆攝影書，終於能夠一一打開抽屜察看。一大堆資料夾、參考書、文具、捲尺和放大鏡。這一行必備的工具，全都放在那裡積灰塵，這張辦公桌因為被書淹沒而遭到遺忘。我將新的展示品布置好，然後故作不在意地去找依芙琳打聽那張廢棄辦公桌的事。在我來之前的幾年，桌子的主人突然病逝。一直沒有人去整理那張辦公桌，就這樣逐漸和書店融為一體。

幾週後，我突然需要用到立書架，在翻找的過程中，我掀開一塊布，發現另一張封印的辦公桌。這張桌子屬於某一任店長，桌面上還擺著文件，至今仍維持著他離去時的模樣，沒有動過。我把文件放回去，因為亂動好像很不敬，雖然說我們其實可以利用這塊空間。

這些往昔留下的痕跡並非紀念碑，至少不是一般人理解的那種定義。這些只是物品，之所以保留至今，只是因為沒有人想去動。我猜想，再過一段時間，就不會有人記得這些東西為何重要了。最終，需要捲尺的新店員會打開那些抽屜，找到他們需要的東西，前人留下的禮物。

幾年前詹姆斯過世了，但如果仔細觀察，依然能在店裡找到他。他最喜歡坐的那張凳子，他修了不知道多少次，以前原本放在樓下，用來堆放旅遊書籍。一些書裡仍然夾著他寫的紙條。那個弧形玻璃櫃，辦公桌太亂時他會充當寫字臺，現在用來展示迷你書。他的馬克杯還在廚房裡。櫥櫃裡有一個箱子標註「詹姆斯的文件」，裡面堆滿亂七八糟、毫無章法的舊文件。那些文件已經用不到了，但每次拿出來之後，我依然會放回原本的地方。

寫下這篇文章的那天，我把辦公桌幾乎清空了。我打算搬離倫敦，在家待一段時間陪老公。外面的世界還有很多奇怪又美妙的書本等著發現，我打算一一去看。我偶爾還是會回來，留下幾本書，確認天花板的燈還沒掉下來，不過感覺確實很像道別。當我不需要的時候才終於得到新辦公桌，而且這個夠大，可惜不能帶走。

新學徒星期一會來報到，我相信這代表我已經不是學徒了。我不確定什麼時候開始脫離了那個身分，但絕對發生了。我把一些店員常用的工具放在最上面的抽屜裡，新來的人或許會用到。當他們打開抽屜，會發現一些散亂的信件（包括一位老水手熱情洋溢的感謝函）、一個鮪魚罐頭、一堆舊鑰匙（沒有標示）、一隻泡過水的舊靴子，以及破掉的超醜雙面葫蘆瓜。

遊戲——書店人生

書店角色扮演小遊戲，奧利佛・達克賽爾設計

你是書店老闆。
再過十天就要交店面的房租。
最好快點多賣幾本書。

【規則】

計分方式有三種：金錢值、時間值、耐性值
金錢值從0開始
時間值從10開始

耐性值從10開始

【書店開門迎接新的一天】

開門營業，首先擲骰子，用一顆六面骰子擲一次。根據骰子的數字決定是哪一類的事件（顧客上門、發生危機、特殊事件），再擲一次骰子決定具體事件並計分。然後再次擲骰子決定新事件。

繼續擲骰子，直到耐性值或時間值歸零。如果耐性值歸零，那麼，結局就是一肚子火提早關門。如果時間值歸零，就是到了打烊時間。

（每次開始新的一天，都要將時間值與耐性值重新設定為10點。如果前一天耐性值歸零，那麼，最高耐性值就減1點……不會恢復。）

十天後，房東會收取金錢值10點。如果金錢值不足，書店就會倒閉！

【計分表】

（擲骰子）

1或2→顧客上門（請見下頁表格）

3或4→發生危機（請見下頁表格）

5或6→特殊事件（請見下頁表格）

【選擇性規則】

- 以金錢值2點將耐性值重新加回10點，各種抒壓惡習任選
- 如果希望遊戲更貼近真實，可以將時間設為三十天，不過等到一個月結束時，房東會收取金錢值30點……

顧客上門！

（擲骰子）

點數 1	借廁所	耐性值減1點
點數 2	偷東西	金錢值減1點
點數 3	顧客想要的書你沒有	時間值減1點
點數 4	顧客不是人	時間值減1點
點數 5	客訴	耐性值減1點
點數 6	買書	金錢值加1點

發生危機！

（擲骰子）

點數 1	沒茶葉了	耐性值減1點
點數 2	印表機故障	時間值減2點
點數 3	找不到書	時間值減3點
點數 4	顧客討價還價	耐性值減3點+金錢值加1點
點數 5	電話鈴響	時間值減2點
點數 6	買進新書	金錢值減2點

特殊事件！

（擲骰子）

點數 1	調查奇怪聲響	時間值加2點
點數 2	心裡發毛	耐性值減1點
點數 3	長時間安靜的幸福感	耐性值加1點
點數 4	書從架子掉下來	金錢值減1點
點數 5	找到失蹤已久的書	金錢值加1點
點數 6	突然收到帳單	金錢值減3點

感謝

這本書之所以能夠存在，完全要歸功於PEW文學代理公司的John Ash，他是我的經紀人，出於靈機一動的妄想，毫無預警聯絡莎樂倫，結果被我罵了一頓，因為我以為他是詐騙集團。我從來沒有因為知道自己弄錯而這麼開心過。還有空間耶，那麼，也感謝一下Transworld公司的Alex Christofi，他在我的胡言亂語中看出優點，將那些胡說八道的話變成一本書。這兩位的工作我都沒有幫上什麼忙；事實上，甚至可以說我才是妨礙他們工作的最大絆腳石。

特別感謝莎樂倫書店的店長克里斯．桑德斯，謝謝他願意考慮讓我寫這本書，沒有因為我提出這種建議而把我踢出去。他不間斷的支持以及所有評點帶給我非常珍貴的幫助，絕對超出他的想像。莎樂倫的各位同事容忍我的怪毛病這麼多年，我真的很對不起他們，希望他們能寬宏大量看待這本書。

從前從前，有間古書店

Once Upon A Tome: The misadventures of a rare bookseller

英倫傳奇書店亨利・莎樂倫的日常，除了書業秘辛，還有鬼魂與受詛咒的書

作　者　奧利佛・達克賽爾 Oliver Darkshire
譯　者　康學慧 Lucia Kang
責任編輯　黃莀着 Bess Huang
責任行銷　鄧雅云 Elsa Deng
封面裝幀　高偉哲 Weiche Kao
版面構成　譚思敏 Emma Tan
內頁插畫　Rohan Eason
校　對　葉怡慧 Carol Yeh

發 行 人　林隆奮 Frank Lin
社　長　蘇國林 Green Su

總 編 輯　葉怡慧 Carol Yeh
主　編　鄭世佳 Josephine Cheng
行銷主任　朱韻淑 Vina Ju
業務處長　吳宗庭 Tim Wu
業務主任　蘇倍生 Benson Su
業務專員　鍾依娟 Irina Chung
業務秘書　陳曉琪 Angel Chen
　　　　　莊皓雯 Gia Chuang

發行公司　悅知文化　精誠資訊股份有限公司
地　址　105台北市松山區復興北路99號12樓
專　線　(02) 2719-8811
傳　真　(02) 2719-7980
網　址　http://www.delightpress.com.tw
客服信箱　cs@delightpress.com.tw
ＩＳＢＮ　978-626-7288-12-2
建議售價　新台幣３８０元
首版一刷　２０２３年04月
八刷　２０２４年09月

國家圖書館出版品預行編目資料

從前從前，有間古書店：英倫傳奇書店亨利・莎樂倫的日常，除了書業秘辛，還有鬼魂與受詛咒的書／奧利佛・達克賽爾(Oliver Darkshire)作；康學慧譯. -- 初版. -- 臺北市：悅知文化 精誠資訊股份有限公司,2023.04
面；公分
譯自：Once Upon A Tome:The misadventures of a rare bookseller
ISBN 978-626-7288-12-2 (平裝)
487.641　　112003488

建議分類｜人文社科、書店風景

線上讀者問卷 TAKE OUR ONLINE READER SURVEY

我們打從骨子裡知道手中的書有價值，如果我們的意念夠強烈，那麼，其他人也會相信。

——《從前從前，有間古書店》

請拿出手機掃描以下QRcode或輸入以下網址，即可連結讀者問卷。
關於這本書的任何閱讀心得或建議，歡迎與我們分享 ︶

http://bit.ly/39JntxZ

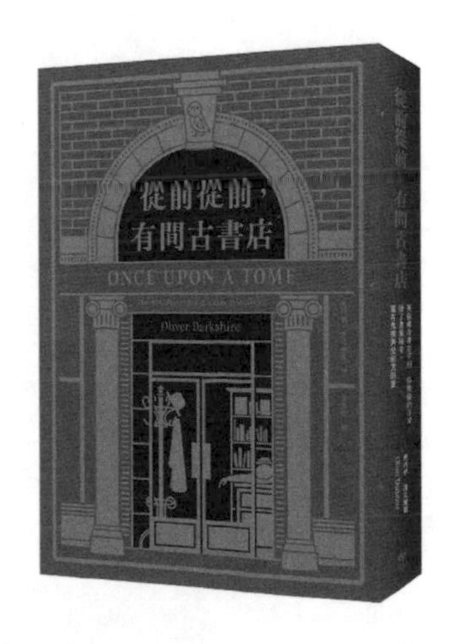